建设工程常用图表手册系列

砌体结构常用图表手册

王志云　主编

机械工业出版社

本书根据最新的《砌体结构设计规范》（GB50003—2011）、《砌体结构加固设计规范》（GB50702—2011）、《砌体结构工程施工质量验收规范》（GB50203—2011）等国家现行标准编写。主要内容包括砌体结构常用术语及符号、砌体结构设计要求及规定和砌体结构施工验收规定等内容。

本书是广大从事砌体结构设计人员、施工技术人员必备的常用小型工具书，也可作为相关专业师生的参考资料。

图书在版编目（CIP）数据

砌体结构常用图表手册/王志云主编. —北京：机械工业出版社，2013.5

（建设工程常用图表手册系列）

ISBN 978-7-111-41708-8

Ⅰ.①砌⋯ Ⅱ.①王⋯ Ⅲ.①砌体结构—图表 Ⅳ.①TU36-64

中国版本图书馆 CIP 数据核字（2013）第 041718 号

机械工业出版社（北京市百万庄大街 22 号 邮政编码 100037）
策划编辑：闫云霞 责任编辑：闫云霞
版式设计：霍永明 责任校对：卢惠英
封面设计：张 静 责任印制：乔 宇
三河市宏达印刷有限公司印刷
2013 年 6 月第 1 版第 1 次印刷
184mm×260mm · 9.5 印张 · 229 千字
标准书号：ISBN 978 - 7 - 111 - 41708 - 8
定价：29.80 元

凡购本书，如有缺页、倒页、脱页，由本社发行部调换
电话服务 网络服务
社服务中心：(010) 88361066 教 材 网：http://www.cmpedu.com
销 售 一 部：(010) 68326294 机工官网：http://www.cmpbook.com
销 售 二 部：(010) 88379649 机工官博：http://weibo.com/cmp1952
读者购书热线：(010) 88379203 **封面无防伪标均为盗版**

编　委　会

主　编　王志云

参　编　（按姓氏笔画排序）

前　　言

众所周知，采用砌体结构建造的房屋是符合"因地制宜、就地取材"的原则，与钢筋混凝土结构相比，砌体结构有节约水泥和钢筋以及造价低等优点。因此，砌体结构在我国的发展建设中具有不可替代的作用。

一名建筑工程设计人员，除了要具有优良的设计理念，还应具有设计、技术、安全等方面的丰富工作经验，所以掌握大量常用的砌体结构数据是必要的。但是由于资料的来源庞大繁复，人们经常难以寻找到所需要的文献资料。所以我们编写了这本《砌体结构常用图表手册》，供有关人员参考使用。

本图表手册包括术语及符号、砌体结构设计、砌体结构施工内容。是一本方便快捷且具有先进性的砌体结构图表手册。本书有如下几个特点：

1. 先进性

本书是以现行的最新版规范和技术标准为依据，保证本手册数据的准确性及权威性，读者可放心使用。

2. 快捷性、实用性

按照砌体结构在工作中的流程，将所涉及的数据知识进行了逻辑性的整理分类，让读者能够更快地查阅到所需的数据。

3. 条目清晰，查找方便

4. 适用范围广

本书既注重砌体结构基本理论的系统表述，也注重理论的实践性，可供从事建筑结构设计人员、施工技术人员使用，也可作为相关专业师生的参考资料。

本书在编写过程中参阅和借鉴了许多优秀书籍和有关文献资料，并得到了有关领导和专家的指导帮助，在此一并致谢。限于编者的学识和经验，书中不妥之处，恳请广大读者和同行专家批评指正。

编　者

目　　录

第1章 术语和符号

1.1 砌体结构常用术语

砌体结构常用术语见表1-1。

表1-1 砌体结构常用术语

序号	术 语	英文名称	含 义
1	砌体结构	masonry structure	由块体和砂浆砌筑而成的墙、柱作为建筑物主要受力构件的结构。是砖砌体、砌块砌体和石砌体结构的统称
2	配筋砌体结构	reinforced masonry structure	由配置钢筋的砌体作为建筑物主要受力构件的结构。是网状配筋砌体柱、水平配筋砌体墙、砖砌体和钢筋混凝土面层或钢筋砂浆面层组合砌体柱（墙）、砖砌体和钢筋混凝土构造柱组合墙和配筋砌块砌体剪力墙结构的统称
3	配筋砌块砌体剪力墙结构	reinforced concrete masonry shear wall structure	由承受竖向和水平作用的配筋砌块砌体剪力墙和混凝土楼、屋盖所组成的房屋建筑结构
4	烧结普通砖	fired common brick	由煤矸石、页岩、粉煤灰或粘土为主要原料，经过焙烧而成的实心砖。分为烧结煤矸石砖、烧结页岩砖、烧结粉煤灰砖、烧结粘土砖
5	烧结多孔砖	fired perforated brick	由煤矸石、页岩、粉煤灰或粘土为主要原料，经过焙烧而成、孔隙率不大于35%，孔的尺寸小而数量多，主要用于承重部位的砖
6	蒸压灰砂普通砖	autoclaved sand-lime brick	以石灰等钙质材料和砂等硅质材料为主要原料，经坯料制备、压制排气成形、高压蒸汽养护而成的实心砖
7	蒸压粉煤灰普通砖	autoclaved flyash-lime brick	以石灰、消石灰（如电石渣）或水泥等钙质材料与粉煤灰等硅质材料及集料（砂等）为主要原料，掺加适量石膏，经坯料制备、压制排气成形、高压蒸汽养护而成的实心砖
8	混凝土小型空心砌块	concrete small hollow block	由普通混凝土或轻集料混凝土制成，主规格为390mm×190mm×190mm、空心率25%～50%的空心砌块。简称混凝土砌块或砌块
9	混凝土砖	concrete brick	以水泥为胶结材料，以砂、石等为主要集料，加水搅拌、成形、养护制成的一种多孔的混凝土半盲孔砖或实心砖。多孔砖的主规格尺寸为240mm×115mm×90mm、240mm×190mm×90mm、190mm×190mm×90mm等；实心砖的主要规格尺寸有240mm×115mm×53mm、240mm×115mm×90mm等

（续）

序号	术　语	英文名称	含　义
10	混凝土砌块（砖）专用砌筑砂浆	mortar for concrete small hollow block	由水泥、砂、水以及根据需要掺入的掺和料和外加剂等组分，按一定比例，采用机械拌和制成，专门用于砌筑混凝土砌块的砌筑砂浆。简称砌块专用砂浆
11	混凝土砌块灌孔混凝土	grout for concrete small hollow block	由水泥、集料、水以及根据需要掺入的掺和料和外加剂等组分，按一定比例，采用机械搅拌后，用于浇筑混凝土砌块砌体芯柱或其他需要填实部位空洞的混凝土。简称砌块灌孔混凝土
12	蒸压灰砂普通砖、蒸压粉煤灰普通砖专用砌筑砂浆	mortar for autoclaved silicate brick	由水泥、砂、水以及根据需要掺入的掺和料和外加剂等组分，按一定比例，采用机械搅拌和制成，专门用于砌筑蒸压灰砂砖或蒸压粉煤灰砖砌体，且砌体抗剪强度应不低于烧结普通砖砌体取值的砂浆
13	带壁柱墙	pilastered wall	沿墙长度方向隔一定距离将墙体局部加厚，形成的带垛墙体
14	混凝土构造柱	structural concrete column	在砌体房屋墙体的规定部位，按构造配筋，并按先砌墙后浇灌混凝土柱的施工顺序制成的混凝土柱。通常称为混凝土构造柱，简称构造柱
15	圈梁	ring beam	在房屋的檐口、窗顶、楼层、吊车梁顶或基础顶面标高处，沿砌体墙水平方向设置封闭状的按构造配筋的混凝土梁式构件
16	梁墙	wall beam	由钢筋混凝土托梁和梁上计算高度范围内的砌体墙组成的组合构件。包括简支墙梁、连续墙梁和框支墙梁
17	挑梁	cantilever beam	嵌固在砌体中的悬挑式钢筋混凝土梁。一般指房屋中的阳台挑梁、雨篷挑梁或外廊挑梁
18	设计使用年限	design working life	设计规定的时期。在此期间结构或结构构件只需进行正常的维护便可按其预定的目的使用，而不需要进行大修加固
19	房屋静力计算方案	static analysis scheme of building	根据房屋的空间工作性能确定的结构静力计算简图。房屋的静力计算方案包括刚性方案、刚弹性方案和弹性方案
20	刚性方案	rigid analysis scheme	按楼盖、屋盖作为水平不动铰支座对墙、柱进行静力计算的方案
21	刚弹性方案	rigid-elastic analysis scheme	按楼盖、屋盖与墙、柱为铰接，考虑空间工作的排架或框架对墙、柱进行静力计算的方案
22	弹性方案	elastic analysis scheme	按楼盖、屋盖与墙、柱为铰接，不考虑空间工作的平面排架或框架对墙、柱进行静力计算的方案
23	上柔下刚多层房屋	upper flexible and lower rigid complex multistorey building	在结构计算中，顶层不符合刚性方案要求，而下面各层符合刚性方案要求的多层房屋

（续）

序号	术 语	英文名称	含 义
24	屋盖、楼盖类别	types of roof or floor structure	根据屋盖、楼盖的结构构造及其相应的刚度对屋盖、楼盖的分类。根据常用结构，可把屋盖、楼盖划分为三类，而认为每一类屋盖和楼盖中的水平刚度大致相同
25	砌体墙、柱高厚比	ratio of height to sectional thick-ness of wall or column	砌体墙、柱的计算高度与规定厚度的比值。规定厚度对墙取墙厚，对柱取相应的边长，对带壁柱墙取截面的折算厚度
26	梁端有效支撑长度	effective support length of beam end	梁端在砌体或刚性垫块界面上压应力沿梁方向的分布长度
27	计算倾覆点	calculating overturning point	验算挑梁抗倾覆时按规定转动中心
28	伸缩缝	expansion and contraction joint	将建筑物分割成两个或若干个独立单元，彼此能自由伸缩的竖向缝。通常有双墙伸缩缝、双柱伸缩缝等
29	控制缝	control joint	将墙体分割成若干个独立墙肢的缝，允许墙肢在其平面内自由变形，并对外力有足够的抵抗能力
30	施工质量控制等级	category of construction quality control	根据施工现场的质保体系、砂浆和混凝土的强度、砌筑工人技术等级综合水平划分的砌体施工质量控制级别
31	约束砌体构件	confined masonry member	通过在无筋砌体墙片的两侧、上下分别设置钢筋混凝土构造柱、圈梁形成的约束作用，提高无筋砌体墙片延性和抗力的砌体构件
32	框架填充墙	infilled wall in concrete frame structure	在框架结构中砌筑的墙体
33	夹心墙	cavity wall with insulation	墙体中预留的连续空腔内填充保温或隔热材料，并在墙的内叶和外叶之间用防锈的金属拉结件连接形成的墙体
34	可调节拉结件	adjustable tie	预埋在夹心墙内、外叶墙的灰缝内，利用可调节特性，消除内外叶墙因竖向变形不一致而产生的不利影响的拉结件
35	块体	masonry units	砌体所用各种砖、石、小砌块的总称
36	小型块体	small block	块体主规格的高度大于115mm而又小于380mm的砌块，包括普通混凝土小型空心砌块、轻骨料混凝土小型空心砌块、蒸压加气混凝土砌块等。简称小砌块
37	产品龄期	products age	烧结砖出窑；蒸压砖、蒸压加气混凝土砌块出釜；混凝土砖、混凝土小型空心砖砌块成形后至某一日期的天数
38	蒸压加气混凝土砌块专用砂浆	soecial mortar for auto-claved aerated concrete block	与蒸压加气混凝土性能相匹配的，能满足蒸压加气混凝土砌块砌体施工要求和砌体性能的砂浆，分为适用于薄灰砌筑法的蒸压加气混凝土砌块粘结砂浆；适用于非薄灰砌筑法的蒸压加气混凝土砌块砌筑砂浆

（续）

序号	术　语	英文名称	含　义
39	预拌砂浆	ready-mixed mortar	由专业生产厂生产的湿拌砂浆或干混砂浆
40	瞎缝	blind seam	砌体中相邻块体间无砌筑砂浆，又彼此接触的水平缝或竖向缝
41	假缝	suppositions seam	为掩盖砌体灰缝内在质量缺陷，砌筑砌体时仅在靠近砌体表面处抹有砂浆，而内部无砂浆的竖向灰缝
42	通缝	continuous seam	砌体中上下皮块体搭接长度小于规定数值的竖向灰缝
43	相对含水率	comparatively percentage of moisture	含水率与吸水率的比值
44	薄层砂浆砌筑法	the method of thin-layer mortar masonry	采用蒸压加气混凝土砌块粘结砂浆砌筑蒸压加气混凝土砌块墙体的施工方法，水平灰缝厚度和竖向灰缝宽度为2～4mm。简称薄灰砌筑法
45	实体检测	in-situ inspection	由有检测资质的检测单位采用标准的检验方法，在工程实体上进行原位检测或抽取试样在实验室进行检验的活动
46	砌体结构加固	strengthening of masonry structure	对可靠性不足或业主要求提高可靠度的砌体结构、构件及其相关部分采取增强、局部更换或调整其内力等措施，使其具有现行设计规范及业主所要求的安全性、耐久性和适用性
47	原构件	existing structure member	其自身失效将影响或危及承重结构体系安全工作的构件
48	一般构件	general structure member	重要构件以外的构件
49	水泥复合砂浆	composite cement mortar	以水泥和高性能矿物掺和料为主要组分，并掺有外加剂和短细纤维的砂浆
50	聚合物改性水泥砂浆	polymer modified cement mortar	掺有改性环氧乳液或其他改性共聚物乳液的高强度水泥砂浆。承重结构用的聚合物改性水泥砂浆应能显著提高其锚固钢筋和粘结混凝土、砌体等基材的能力
51	钢筋网	steel reinforcement mesh	用普通热轧带肋钢筋或冷轧带肋钢筋焊接而成的网片
52	纤维复合材	fiber reinforced polymer	采用高强度的连续纤维按一定规则排列，用胶粘剂浸渍、粘结固化后形成的具有纤维增强效应的复合材料，通称纤维复合材
53	材料强度利用系数	strength utilization factor of material	考虑加固材料在二次受力条件下，其强度得不到充分利用所引入的计算系数
54	外加面层加固法	external layer strengthening	通过外加钢筋混凝土面层或钢筋网砂浆面层，以提高原构件承载力和刚度的一种加固法
55	外包型钢加固法	sectional steel strengthening	对砌体柱包以型钢肢与缀板焊成的构架，并按各自刚度比例分配所承受外力的加固法，也称为干式外包钢加固法

（续）

序号	术　语	英文名称	含　义
56	外加预应力撑杆加固法	external prestressed strutstrengthening	通过收紧横向螺杆装置，对带切口、且有弯折外形的两对角钢撑杆施加预压力，以将砌体柱所承受的荷载卸给撑杆的加固法
57	扶壁柱加固法	counterfort masonry column strengthening	沿砌体墙长度方向每隔一定距离将局部墙体加厚形成墙带垛加劲墙体的加固法
58	砌体裂缝缝补法	masonry crack repairing	为封闭砌体裂缝或恢复开裂砌体整体性所采取的修补或修复法

1.2　砌体结构常用符号

砌体结构材料常见符号及其含义见表1-2～表1-5。

表1-2　材料性能

序号	符　号	含　义
1	MU	块体等级强度
2	M	普通砂浆的强度等级
3	M_b	混凝土块体（砖）专用砌筑砂浆的强度等级
4	f_y、f'_y	分别为（新增）钢筋抗拉、抗压强度设计值
5	M_s	蒸压灰砂普通砖、蒸压粉煤灰普通砖专用砌筑砂浆的强度等级
6	C	混凝土的强度等级
7	C_b	混凝土砌块灌孔混凝土的强度等级
8	f_1	块体的抗压强度等级值或平均值
9	f_2	砂浆的抗压强度平均值
10	f、f_k	砌体的抗压强度设计值、标准值
11	f_g	单排孔且对穿孔的混凝土砌块灌孔砌体抗压强度设计值（简称灌孔砌体抗压强度设计值）
12	f_{vg}	单排孔且对穿孔的混凝土砌块灌孔砌体抗剪强度设计值（简称灌孔砌体抗剪强度设计值）
13	f_t、f_{tk}	砌体的轴心抗拉强度设计值、标准值
14	f_{tm}、f_{tmk}	砌体的弯曲抗拉强度设计值、标准值
15	f_v、f_{vk}	砌体的抗剪强度设计值、标准值
16	f_{VE}	砌体沿阶梯形截面破坏的抗震抗剪强度设计值
17	f_n	网状配筋砖砌体的抗压强度设计值
18	f_c	混凝土的轴心抗压强度设计值
19	E	砌体的弹性模量

（续）

序号	符　号	含　义
20	E_c	混凝土的弹性模量
21	G	砌体的剪变模量
22	E_m	原构件砌体弹性模量
23	E_a	新增型钢弹性模量
24	E_f	新增纤维复合材料弹性模量
25	f_{m0}、f	分别为原砌体和新增砌体抗压强度设计值
26	f_f	新增纤维复合材料抗拉强度设计值

表1-3　作用和作用效应

序号	符　号	含　义
1	N	轴向力设计值或构件加固后的轴向压力设计值
2	M	构件加固后弯矩设计值
3	V	构件加固后剪力设计值
4	σ_s	钢筋受拉应力
5	N_l	局部受压面积上的轴向力设计值、梁端支承压力
6	N_0	上部轴向力设计值
7	N_t	轴心拉力设计值
8	M	弯矩设计值
9	M_r	挑梁的抗倾覆力设计值
10	M_{ov}	挑梁的倾覆力矩设计值
11	F_1	托梁顶面上的集中荷载设计值
12	Q_1	托梁顶面上的均布荷载设计值
13	Q_2	墙梁顶面上的均布荷载设计值
14	σ_0	水平截面平均压应力

表1-4　几何参数

序号	符　号	含　义
1	A	截面面积
2	A_b	垫块面积
3	A_c	混凝土构造柱的截面面积
4	A_l	局部受压面积

（续）

序号	符 号	含　义
5	A_n	墙体净截面面积
6	A_0	影响局部抗压强度的计算面积
7	A_s、A_s'	受拉、受压钢筋的截面面积
8	a	边长、梁端实际支承长度距离
9	a_i	洞口边至墙梁最近支座中心的距离
10	a_o	梁端有效支承长度
11	a_s、a_s'	纵向受拉、受压钢筋重心至截面近边的距离
12	b	截面宽度、边长
13	b_c	混凝土构造柱沿墙长方向的宽度
14	b_f	带壁柱墙的计算截面翼缘宽度、翼墙计算宽度
15	b_f'	T 形、倒 L 形截面受压区的翼缘计算宽度
16	b_s	在相邻横墙、窗间墙之间或壁柱间的距离范围内的门窗洞口宽度
17	c、d	距离
18	e	轴向力的偏心距
19	H	墙体高度、构件高度
20	H_i	层高
21	H_0	构件的计算高度、墙梁跨中截面的计算高度
22	h	墙厚、矩形截面较小边长、矩形截面的轴向心力偏心方向的边长、截面高度
23	h_b	托梁高度
24	h_o	截面有效高度、垫梁折算高度
25	h_T	T 形截面的折算高度
26	h_w	墙体高度、墙梁墙体计算截面高度
27	l	构造柱的间距
28	l_0	梁的计算跨度
29	l_n	梁的净跨度
30	I	截面惯性矩
31	i	截面的回转半径
32	s	间距、截面面积矩
33	x_0	计算倾覆点到墙外边缘的距离
34	u_{max}	最大水平位移
35	W	截面抵抗矩

（续）

序号	符号	含　义
36	y	截面重心到轴向力所在偏心方向截面边缘的距离
37	z	内力臂
38	A_{m0}	原构件砌体截面面积
39	A_a	新增型钢（角钢）全截面面积
40	I_{mo}	原构件截面惯性矩
41	I_a	钢构架截面惯性矩

表1-5　计算系数

序号	符号	含　义
1	α	砌块砌体中灌孔混凝土面积和砌体毛面积的比值、修正系数、系数
2	a_M	考虑墙梁组合作用的托梁弯矩系数
3	β	砌体构件的高厚比
4	$[\beta]$	墙、柱的允许高厚比
5	β_V	考虑墙梁组合作用的托梁剪力系数
6	γ	砌体局部抗压强度系数
7	γ_a	调整系数
8	γ_f	结构构件材料性能分项系数
9	γ_0	结构重要性系数
10	γ_G	永久荷载分项系数
11	γ_{GE}	承载力抗震调整系数
12	δ	混凝土砌块的孔洞率、系数
13	ζ	托梁支座上部砌体局部压力系数
14	ξ_C	芯柱参与工作系数
15	ξ_S	钢筋参与工作系数
16	η_i	房屋空间性能影响系数
17	η_C	墙体约束修正系数
18	η_N	考虑墙梁组合作用的托梁跨中轴力系数
19	λ	计算截面的剪跨比
20	μ	修正系数，剪压复合受力影响系数
21	μ_1	自承重墙允许高厚比的修正系数
22	μ_2	有门窗洞口墙允许高厚比的修正系数

（续）

序号	符　号	含　义
23	μ_c	设构造柱墙体允许高厚比提高系数
24	ξ	截面受压区相对高度系数
25	ξ_b	受压区相对高度的界限值
26	ξ_1	翼墙或构造柱对墙梁墙体受剪承载力影响系数
27	ξ_2	洞口对墙梁墙体受剪承载力影响系数
28	ρ	混凝土砌块砌体的灌孔率、配筋率
29	ρ_s	按层间墙体竖向截面计算的水平钢筋面积率
30	φ	承载力的影响系数
31	ϕ_N	网状配筋砖砌体构件的承载力影响系数
32	ϕ_o	轴心受压构件的稳定系数
33	φ_{com}	组合砖砌体构件的稳定系数
34	ϕ	折减系数
35	φ_M	洞口对托梁弯矩的影响系数
36	a_c	新增混凝土强度利用系数
37	a_s	新增钢筋强度利用系数
38	a_f	纤维复合材料参与工作系数
39	a_m	新增砌体强度利用系数
40	K_m	原砌体刚度降低系数
41	η	协同工作系数
42	ρ_f	环向围束体积比

第2章 砌体结构设计

2.1 砌体结构的分类

砌体可按照所用材料、砌法以及在结构中所起作用等方面的不同进行分类，见表2-1。

表 2-1 砌体结构分类表

分 类 方 法	砌 体 结 构
材料	砖砌体
	砌块砌体
	石砌体
有无配筋	无筋砌体
	配筋砌体
实心与否	实心砌体
	空斗砌体

2.2 材料

2.2.1 材料与材料强度等级

材料与材料强度等级见表2-2。

表 2-2 材料与材料强度等级

序号	墙体分类	材　　料	强 度 等 级	说　　明
1	承重结构的块体	烧结普通砖、烧结多孔砖	MU30、MU25、MU15、MU10	1. 用于承重的双排孔或多排孔轻集料混凝土砌块砌体的孔洞率不应大于35% 2. 对用于承重的多孔砖及蒸压硅酸盐砖的折压比限值和用于承重的非烧结材料多孔砖的孔洞率、壁及肋尺寸限值及碳化、软化性要求符合现行国家标准《墙体材料应用统一技术规范》GB50574的有关规定 3. 石材的规格、尺寸及其强度等级可按本规范附录A的方法确定
2		蒸压灰砂普通砖、蒸压粉煤灰普通砖	MU25、MU20、MU15	
3		混凝土普通砖、混凝土多孔砖	MU30、MU25、MU20、MU15	
4	承重材料的块体	混凝土砌块、轻集料混凝土砌块	MU20、MU15、MU10、MU7.5、MU5	
5		石材	MU100、MU80、MU60、MU50、MU40、MU30、MU20	

（续）

序号	墙体分类	材　料	强度等级	说　明
6	自承重墙的空心砖、轻集料混凝土砌块	空心砖	MU10、MU7.5、MU5、MU3.5	—
7		轻集料混凝土砌块	MU10、MU7.5、MU5、MU3.5	
8	砌体材料	烧结普通砖、烧结多孔砖、蒸压灰砂普通砖和蒸压粉煤灰普通砖砌体采用的普通砂浆	M15、M10、M7.5、M5、M2.5	确定砂浆强度等级时应采用同类块体为砂浆强度试块底模
	砌体材料	蒸压灰砂普通砖和蒸压粉煤灰普通砖砌体采用的专用砌筑砂浆	M_s15、M_s10、$M_s7.5$、$M_s5.0$	
9	砂浆	混凝土普通砖、混凝土多孔砖、单排孔混凝土砌块和煤矸石混凝土砌块砌体采用的砂浆	M_b20、M_b15、M_b10、$M_b7.5$、M_b5	
10		多排孔或多排孔轻集料混凝土砌块砌体采用的砂浆	M_b10、$M_b7.5$	
11		毛料石、毛石砌体采用的砂浆	M7.5、M5、M2.5	

2.2.2　砌体的计算指标

（1）龄期为 28d 的以毛截面计算的砌体抗压强度设计值，当施工质量控制等级为 B 级时，应根据块体和砂浆的强度等级分别按下列规定采用：

1）烧结普通砖和烧结多孔砖砌体的抗压强度设计值的确定方法见表 2-3。

表 2-3　烧结普通砖和烧结多孔砖砌体的抗压强度设计值　　（单位：MPa）

砖强度等级	砂浆强度等级					砂浆强度
	M15	M10	M7.5	M5	M2.5	0
MU30	3.94	3.27	2.93	2.59	2.26	1.15
MU25	3.60	2.98	2.68	2.37	2.06	1.05
MU20	3.22	2.67	2.39	2.12	1.84	0.94
MU15	2.79	2.31	2.07	1.83	1.60	0.82
MU10	—	1.89	1.69	1.50	1.30	0.67

注：当烧结多孔砖的孔隙率大于 30% 时，表中数值应乘以 0.9。

2）混凝土普通砖和混凝土多孔砖砌体的抗压强度设计值的确定方法见表 2-4。

表 2-4　混凝土普通砖和混凝土多孔砖砌体的抗压强度设计值　（单位：MPa）

砖强度等级	砂浆强度等级					砂浆强度
	MB20	MB15	MB10	MB7.5	MB5	0
MU30	4.61	3.94	3.27	2.93	2.59	1.15
MU25	4.21	3.60	2.98	2.68	2.37	1.05
MU20	3.77	3.22	2.67	2.39	2.12	0.94
MU15	—	2.79	2.31	2.07	1.83	0.82

3）蒸压灰砂普通砖和蒸压粉煤灰普通砖砌体的抗压强度设计值的确定方法见表 2-5。

表 2-5　蒸压灰砂普通砖和蒸压粉煤灰普通砖砌体的抗压强度设计值（单位：MPa）

砖砌体强度等级	砂浆强度等级				砂浆强度
	M15	M10	M7.5	M5	0
MU25	3.60	2.98	2.68	2.37	1.05
MU20	3.22	2.67	2.39	2.12	0.94
MU15	2.79	2.31	2.07	1.83	0.82

4）单排孔混凝土砌块和轻集料混凝土砌块对孔砌筑砌体的抗压强度设计值见表 2-6。

表 2-6　单排孔混凝土砌块和轻集料混凝土砌块对孔砌筑砌体的抗压强度设计值　（单位：MPa）

砌块强度等级	砂浆强度等级					砂浆强度
	Mb20	Mb15	Mb10	Mb7.5	Mb5	0
MU20	6.30	5.68	4.95	4.44	3.94	2.33
MU15	—	4.61	4.02	3.61	3.20	1.89
MU10	—	—	2.79	2.50	2.22	1.31
MU7.5	—	—	—	1.93	1.71	1.01
MU5	—	—	—	—	1.19	0.70

5）单排孔混凝土砌块对孔砌筑时，灌孔砌体的抗压强度设计值 f_g，应按下列方法确定：

① 混凝土砌块砌体的灌孔混凝土强度等级不应低于 C_b20，且不应低于 1.5 倍的块体强度等级。灌孔混凝土强度指标取同强度等级的混凝土强度指标。

② 灌孔混凝土砌块砌体的抗压强度设计值 f_g，应按下式计算：

$$f_g = f + 0.6\alpha f_c$$
$$\alpha = \delta\rho \tag{2-1}$$

式中　f_g——灌孔混凝土砌块砌体的抗压强度设计值，该值不应大于未灌孔砌体抗压强度设计值的 2 倍；

f——未灌孔混凝土砌块砌体的抗压强度设计值，应按表 2-6 采用；

f_c——灌孔混凝土的轴心抗压强度设计值；

α——混凝土砌块砌体中灌孔混凝土面积与砌体毛面积的比值；

δ——混凝土砌块的孔隙率;

ρ——混凝土砌块砌体的灌孔率,系截面灌孔混凝土面积与截面孔洞面积的比值,灌孔率应根据受力或施工条件确定,且不应小于33%。

6)双排孔或多孔轻集料混凝土砌块砌体的抗压强度设计值的确定方法见表2-7。

表2-7　双排孔或多孔轻集料混凝土砌块砌体的抗压强度设计值　　（单位：MPa）

砌块强度等级	砂浆强度等级			砂浆强度
	Mb10	Mb7.5	Mb5	0
MU10	3.08	2.76	2.45	1.44
MU7.5	—	2.13	1.88	1.12
MU5	—	—	1.31	0.78
MU3.5	—	—	0.95	0.56

注：1. 表中的砌块为火山渣、浮石和陶粒轻集料混凝土砌块。
　　2. 对厚度方向为双排组砌的轻集料混凝土砌块砌体的抗压强度设计值,应按表中数值乘以0.8。

7)块体高度为180～350mm的毛料石砌体的抗压强度设计值见表2-8。

表2-8　毛料石砌体的抗压强度设计值　　（单位：MPa）

毛料石强度等级	砂浆强度等级			砂浆强度
	M7.5	M5	M2.5	0
MU100	5.42	4.80	4.18	2.13
MU80	4.85	4.29	3.73	1.91
MU60	4.20	3.71	3.23	1.65
MU50	3.83	3.39	2.95	1.51
MU40	3.43	3.04	2.64	1.35
MU30	2.97	2.63	2.29	1.17
MU20	2.42	2.15	1.87	0.95

注：对细料石、粗料石砌体和干砌勾缝石砌体,表中数值应分别乘以整系数1.4、1.2和0.8。

8)毛石砌体的抗压强度设计值应按表2-9执行。

表2-9　毛石砌体的抗压强度设计值　　（单位：MPa）

毛石强度等级	砂浆强度等级			砂浆强度
	M7.5	M5	M2.5	0
MU100	1.27	1.12	0.98	0.34
MU80	1.13	1.00	0.87	0.30
MU60	0.98	0.87	0.76	0.26
MU50	0.90	0.80	0.69	0.23
MU40	0.80	0.71	0.62	0.21
MU30	0.69	0.61	0.53	0.18
MU20	0.56	0.51	0.44	0.15

（2）龄期为 28d 的以毛截面计算的各类砌体的轴心抗拉强度设计值、弯曲抗拉强度设计值和抗剪强度设计值，应符合以下规定：

1）当施工质量控制级别为 B 级时，强度设计值按表 2-10 执行。

表 2-10　沿砌体灰缝截面破坏时砌体的轴心抗拉强度设计值、弯曲抗拉强度设计值和抗剪强度设计值　　　　　　　　（单位：MPa）

强度类别	破坏特征及砌体种类		砂浆强度等级			
			≥M10	M7.5	M5	M2.5
轴心抗拉	沿齿缝	烧结普通砖、烧结多孔砖	0.19	0.16	0.13	0.09
		混凝土普通砖、混凝土多孔砖	0.19	0.16	0.13	—
		蒸压灰砂普通砖、蒸压粉煤灰普通砖	0.12	0.10	0.08	—
		混凝土和轻集料混凝土砌块	0.09	0.08	0.07	—
		毛石	—	0.07	0.06	0.04
弯曲抗拉	沿齿缝	烧结普通砖、烧结多孔砖	0.33	0.29	0.23	0.17
		混凝土普通砖、混凝土多孔砖	0.33	0.29	0.23	—
		蒸压灰砂普通砖、蒸压粉煤灰普通砖	0.24	0.20	0.16	—
		混凝土和轻集料混凝土砌块	0.11	0.09	0.08	—
		毛石	—	0.11	0.09	0.07
	沿齿缝	烧结普通砖、烧结多孔砖	0.17	0.14	0.11	0.08
		混凝土普通砖、混凝土多孔砖	0.17	0.14	0.11	—
		蒸压灰砂普通砖、蒸压粉煤灰普通砖	0.12	0.10	0.08	—
		混凝土和轻集料混凝土砌块	0.08	0.06	0.05	—
抗剪	烧结普通砖、烧结多孔砖		0.17	0.14	0.11	0.08
	混凝土普通砖、混凝土多孔砖		0.17	0.14	0.11	—
	蒸压灰砂普通砖、蒸压粉煤灰普通砖		0.12	0.10	0.08	—
	混凝土和轻集料混凝土砌块		0.09	0.08	0.06	—
	毛石		—	0.19	0.16	0.11

注：1. 对于用形状规则的块体砌筑的砌体，当搭接长度与块体高度的比值小于 1 时，其轴心抗拉强度设计值 f_t 和弯曲抗拉强度设计值 f_{tm} 应按表中数值乘以搭接长度与块体高度比值后采用。

2. 表中数值是依据普通砂浆砌筑的砌体确定，采用经研究性试验且通过技术鉴定的专用砂浆砌筑的蒸压灰砂普通砖、蒸压粉煤灰普通砖砌体，其抗剪强度设计值按相应普通砂浆强度等级砌筑的烧结普通砖砌体采用。

3. 对混凝土普通砖、混凝土多孔砖、混凝土和轻集料混凝土砌块砌体，表中的砂浆强度等级分别为：≥M_b10、$M_b7.5$ 及 M_b5。

2）单排孔混凝土砌块对孔砌筑时，灌孔砌体的抗剪强度设计值 f_{vg}，应按下式计算：

$$f_{vg} = 0.2f_g^{0.55} \tag{2-2}$$

式中　f_g——灌孔砌体的抗压强度设计值（MPa）。

3）各类砌体强度设计值，按照表 2-11 情况乘以调整系数 γ_a。

表 2-11　砌体强度设计值的调整系数 γ_a

γ_a	适　用　情　况
$\gamma_a + 0.7$	无筋砌体构件且其截面面积小于 0.3m^2
$\gamma_a + 0.8$	配筋砌体构件且其中砌体截面面积小于 0.2m^2
0.9	砌体用强度等级小于 M5.0 的水泥砂浆砌筑时，对 2.2.2 中第 1 点各表中的数值
0.8	砌体用强度等级小于 M5.0 的水泥砂浆砌筑时，对 2.2.2 中第 2 点各表中的数值
1.1	当验算施工中房屋构件

（3）1）施工阶段砂浆尚未硬化的新砌砌体的强度和稳定性，可按砂浆强度为零进行验算。对于冬期施工采用掺盐砂浆法施工的砌体，砂浆强度等级按常温施工的强度等级提高一级时，砌体强度和稳定性可不验算。配筋砌体不得用掺盐砂浆施工。

2）砌体的弹性模量、线膨胀系数和收缩系数、摩擦系数分别按下列规定采用。砌体的剪变模量按砌体弹性模量的 0.4 倍采用。烧结普通砖砌体的泊松比可取 0.15。

① 砌体的弹性模量，按表 2-12 采用：

表 2-12　砌体的弹性模量　　　　　　（单位：MPa）

砌 体 种 类	砂浆强度等级			
	≥M10	M7.5	M5	M2.5
烧结普通砖、烧结多孔砖砌体	$1600f$	$1600f$	$1600f$	$1390f$
混凝土普通砖、混凝土多孔砖砌体	$1600f$	$1600f$	$1600f$	—
蒸压灰砂普通砖、蒸压粉煤灰普通砖砌体	$1060f$	$1060f$	$1060f$	—
非灌孔混凝土砌块砌体	$1700f$	$1600f$	$1500f$	—
粗料石、毛料石、毛石砌体	—	5650	4000	2250
细料石砌体	—	17000	12000	6750

注：1. 轻集料混凝土砌块砌体的弹性模量，可按表中混凝土砌块砌体的弹性模量采用。

2. 表中砌体抗压强度设计值不按表 2-11 进行调整。

3. 表中砂浆为普通砂浆，采用专用砂浆砌筑的砌体的弹性模量也按此表取值。

4. 对混凝土普通砖、混凝土多孔砖、混凝土和轻集料混凝土砌块砌体，表中的砂浆强度等级分别为：≥M_b10、$M_b7.5$ 及 M_b5。

5. 对蒸压灰砂普通砖和蒸压粉煤灰普通砖砌体，当采用专用砂浆砌筑时，其强度设计值按表中数值采用。

② 单排孔且对孔砌筑的混凝土砌块灌孔砌体的弹性模量，应按下式计算：

$$E = 2000 f_g \tag{2-3}$$

式中　f_g——灌孔砌体的抗压强度设计值。

③ 砌体的线膨胀系数和收缩率，可按表 2-13 采用。

表 2-13　砌体的线膨胀系数和收缩率

砌 体 类 别	线膨胀系数 （10^{-6}/℃）	收缩率 ／（mm/m）
烧结普通砖、烧结多孔砖砌体	5	−0.1
蒸压灰砂普通砖、蒸压粉煤灰普通砖砌体	8	−0.2
混凝土普通砖、混凝土多孔砖、混凝土砌块砌体	10	−0.2
轻集料混凝土砌块砌体	10	−0.3
料石和毛石砌体	8	—

注：表中的收缩率系由达到收缩允许标准的块体砌筑 28d 的砌体收缩系数。当地方有可靠的砌体收缩试验数据时，
亦可采用当地的试验数据。

④ 砌体的摩擦系数，可按表 2-14 采用。

表 2-14　砌体的摩擦系数

材 料 类 别	摩擦面情况	
	干　燥	潮　湿
砌体沿砌体或混凝土滑动	0.70	0.60
砌体沿木材滑动	0.60	0.50
砌体沿钢滑动	0.45	0.35
砌体沿砂或卵石滑动	0.60	0.50
砌体沿粉土滑动	0.55	0.40
砌体沿粘性土滑动	0.50	0.30

2.2.3　砌筑材料

砌筑材料及其要求见表 2-15。

表 2-15　砌筑材料及其要求

材　料	要　求
砖体（块材）	应采用与原构件同品种块体；块体质量不应低于一等品，其强度等级应按原设计的块体等级确定，且不应低于 MU10
水泥砂浆	若设计为普通水泥砂浆，其强度等级不应低于 M10；若设计为水泥复合砂浆，其强度等级不应低于 M25
砌筑砂浆	可采用水泥砂浆或水泥石灰混合砂浆；但对防潮层、地下室以及其他潮湿部位，应采用水泥砂浆或水泥复合砂浆。在任何情况下，均不得采用收缩性大的砌筑砂浆。加固用的砌筑砂浆，其抗压强度等级应比原砌体使用的砂浆抗压强度等级高一级，且不得低于 M10

2.2.4　混凝土原材料

1. 砌体结构加固用的水泥种类及其标准（表 2-16）

表 2-16　水泥种类及其标准

可采用的水泥	说　明
砌体结构加固用的水泥，应采用强度等级不低于 32.5 级的硅酸盐水泥和普通硅酸盐水泥；也可采用矿渣硅酸盐水泥或火山灰质硅酸盐水泥，但其强度等级不应低于 42.5 级；必要时，还可采用快硬硅酸盐水泥或复合硅酸盐水泥	1. 当被加固结构有耐腐蚀、耐高温要求时，应采用相应的特种水泥 2. 配制聚合物改性水泥砂浆和水泥复合砂浆用的水泥，其强度等级不应低于 42.5 级，且应符合其产品说明书的规定

注：1. 水泥的性能和质量应分别符合现行国家标准《普通硅酸盐水泥》GB175 和《快硬硅酸盐水泥》GB199 的有关规定。
　　2. 砌体结构加固工程中，严禁使用过期水泥、受潮水泥、品种混杂的水泥以及无出厂合格证和未经进场检验合格的水泥。

2. 配制结构加固用的混凝土及其配制骨料的品种和规定要求（表 2-17）

表 2-17　混凝土及其配制骨料的品种和规定

骨料品种	骨料质量规定	混凝土的规定
粗骨料	应选用坚硬、耐久性好的碎石或卵石。其最大粒径应符合下列规定： （1）对现场拌和混凝土，不宜大于 20mm （2）对喷射混凝土，不宜大于 12mm （3）对掺有短纤维的混凝土，不宜大于 10mm （4）粗骨料的质量应符合现行行业标准《普通混凝土用砂、石质量及检验方法标准》JGJ52 的有关规定；不得使用含有活性二氧化硅石料制成的粗骨料	① 混凝土拌和用水应采用饮用水或水质符合现行行业标准《混凝土用水标准》JGJ63 规定的天然洁净水 ② 砌体结构加固用的混凝土，可使用商品混凝土，但其所掺的粉煤灰应是 I 级灰，且其烧失量不应大于 5% ③ 当结构加固材料选用聚合物混凝土、微膨胀混凝土、钢纤维混凝土、合成纤维混凝土或喷射混凝土时，应在施工前进行试配，经检验其性能符合设计要求后方可使用
细骨料	应选用中、粗砂，其细度模数不应小于 2.5；细骨料的质量及含泥量应符合现行行业标准《普通混凝土用砂、石质量及检验方法标准》JGJ52 的规定	

2.2.5　加固用的钢材及焊接材料

（1）砌体结构加固用的钢材材料的品种、性能和质量的规定见表 2-18。

表 2-18　钢材材料的品种、性能和质量的规定

材料	品　　种	性　　能	质　　量
钢筋	应采用 HRB335 级和 HRBF335 级的热轧或冷轧带肋钢筋；也可采用 HPB300 级的热轧光圆钢筋	性能设计值应按现行国家标准《混凝土结构设计规范》GB50010 的有关规定采用。不得使用无出厂合格证、无标志或未经进场检验的钢筋以及再生钢筋。若条件许可，抗震设防区砌体结构加固用的钢筋宜优先选用热轧带肋钢筋	应分别符合现行国家标准《钢筋混凝土用钢第 1 部分：热轧光圆钢筋》GB1499.1、《钢筋混凝土用钢第 2 部分：热轧带肋钢筋》GB1499.2 和《钢筋混凝土用余热处理钢筋》GB13014 的有关规定
钢筋网		其性能设计值应按现行行业标准《钢筋焊接网混凝土结构技术规程》JGJ114 的有关规定采用	其质量应符合现行国家标准《钢筋混凝土用钢第 3 部分：钢筋焊接网》GB1499.3 的有关规定

注：1. 当砌体结构锚固件和拉结件采用后锚固的植筋时，应使用热轧带肋钢筋，不得使用光圆钢筋。植筋用的钢筋，其质量应符合本表中钢筋的规定。

　　2. 当锚固件为钢螺杆时，应采用全螺纹的螺杆，不得使用锚入部位无螺杆的螺杆。螺杆的钢材等级应为 Q235 级；其质量应符合现行国家标准《碳素结构钢》GB/T700 的有关规定。

（2）砌体结构采用的锚栓应为砌体专用的碳素钢锚栓。碳素钢砌体锚栓的钢材抗拉性能指标见表 2-19。

表 2-19　碳素钢砌体锚栓的钢材抗拉性能指标

性　能　等　级		4.8	5.8
锚栓钢材性能指标	抗拉强度标准值 f_{stk}/MPa	400	500
	屈服强度标准值 f_{yk} 或 $f_{s,0.2k}$/MPa	320	400
	伸长率 δ_5（%）	14	10

（3）砌体结构加固用的焊接材料型号和质量的规定见表 2-20。

表 2-20　焊接材料型号和质量的规定

焊　接　材　料	
型　　号	应与被焊接钢材的强度相适应
质　　量	（1）应符合现行国家标准《碳钢焊条》GB/T5117 和《低合金钢焊条》GB/T5118 的有关规定
	（2）焊接工艺应符合现行行业标准《钢筋焊接及验收规程》JGJ18 或《建筑钢材焊接技术规程》JGJ81 的有关规定
	（3）焊缝连接的设计原则及计算指标应符合现行国家标准《钢结构设计规范》GB50017 的有关规定

2.2.6　钢丝绳和纤维复合材

1. 加固用的钢丝绳

（1）加固选用的钢丝绳要符合表 2-21 的规定。

表 2-21　钢丝绳选用规定

钢丝绳用处	要　　求	说　　明
用于钢丝绳网-聚合物砂浆面层加固砌体结构、构件的钢丝	（1）重要结构或结构处于腐蚀性介质环境、高温环境和露天环境时，应选用不锈钢丝绳制作的网片 （2）处于正常温度环境中的一般结构，可采用低碳钢镀锌钢丝绳制作的网片，但应采取有效的阻锈措施	砌体结构加固用的钢丝绳内外均不得涂有油脂
用于制绳子的钢丝	（1）当采用不锈钢丝时，应采用碳含量不大于 0.15% 及硫、磷含量不大于 0.025% 的优质不锈钢丝 （2）当采用镀锌钢丝时，应采用硫、磷含量不大于 0.03% 的优质碳素结构钢制丝；其锌层重量及镀锌质量应符合现行国家标准《钢丝镀锌层 GB/T15393 对 AB 级的规定	砌体结构加固用的钢丝绳内外均不得涂有油脂

（2）钢丝绳的强度标准值（f_{rtk}）应按其极限抗拉强度确定，并应具有不小于 95% 的保证率以及不低于 90% 的置信度。钢丝绳抗拉强度标准值应符合表 2-22 的规定。

表 2-22　钢丝绳抗拉强度标准值

种　　类	符　　号	不锈钢丝绳		镀锌钢丝绳	
		钢丝绳公称直径/mm	钢丝绳抗拉强度标准值 f_{rtk}	钢丝绳公称直径/mm	钢丝绳抗拉强度标准值 f_{rtk}
6×7＋IWS	ϕ_r	2.4 ~ 4.5	1800、1700	2.5 ~ 4.5	1650 1560
1×19	ϕ_s	2.5	1560	2.5	1560

2. 加固用的纤维复合材

（1）纤维复合材用的纤维应为连续纤维，其品种和性能应符合表 2-23 的规定。

表 2-23　连续纤维品种和性能规定

品　　种	用　　处	性　　能	说　　明
碳纤维	承重结构加固用	应选用聚丙烯腈（PAN）12K 或 12K 以下的小丝束纤维，严禁使用大丝束纤维；当有可靠工程经验时，允许使用 15K 碳纤维	当被加固结构有防腐蚀要求时，允许用玄武岩纤维替代 E 玻璃纤维
玻璃纤维	承重结构加固用	应选用高强度的 S 玻璃纤维或碱金属氧化物含量低于 0.8% 的 E 玻璃纤维，严禁使用高碱的 A 玻璃纤维或中碱的 C 玻璃纤维	

（2）结构加固用的碳纤维、玻璃纤维和玄武岩纤维复合材的安全性能指标必须分别符合表 2-24 或表 2-25 的要求。纤维复合材的抗拉强度标准值应根据置信水平 c 为 0.99、保证率为 95% 的要求确定。

表 2-24　碳纤维复合材安全性能指标

项　目　　　　　　　类　别		单向织物（布）		条形板
		高强度Ⅱ级	高强度Ⅲ级	高强度Ⅰ级
抗拉强度/MPa	平均值	≥3500	≥2700	≥2500
	标准值	≥3000	—	≥2000
受拉弹性模量/MPa		$≥2.0×10^5$	$≥1.8×10^5$	$≥1.4×10^5$
伸长率（%）		≥1.5	≥1.3	≥1.4
弯曲强度/MPa		≥600	≥500	—
层间剪切强度/MPa		≥35	≥30	≥40
纤维复合材与砖或砌块的正拉粘结强度/MPa		≥1.8，且为 MU20 烧结砖或混凝土砌块内聚破坏		

注：15K 碳纤维织物的性能指标按高强度Ⅱ级的规定值采用。

表 2-25　玻璃纤维、玄武岩纤维单向织物复合材安全性能指标

项目　　　　　　　类别	抗拉强度标准值/MPa	受拉弹性模量/MPa	伸长率（%）	弯曲强度/MPa	纤维复合材与烧结砖或砌块的正拉粘结强度/MPa	层间剪切强度/MPa	单位面积质量/（g/m²）
S 玻璃纤维	≥2200	$≥1.0×10^5$	≥2.5	≥600	≥1.8，且为 MU20 烧结砖或混凝土砌块内聚破坏	≥40	≤450
E 玻璃纤维	≥1500	$≥7.2×10^4$	≥2.0	≥500		≥35	≤600
玄武岩纤维	≥1700	$≥9.0×10^4$	≥2.0	≥500		≥35	≤300

注：表中除标有标准值外，其余均为平均值。

（3）1）对符合表 2-24、表 2-25 的安全性能指标要求的纤维复合材，当它的纤维材料与其他改性环氧树脂胶粘剂配套使用时，必须按下列项目重新作适配性检验，且检验结果必须符合表 2-24 或表 2-25 的规定。

①抗拉强度标准值。

②纤维复合材与烧结砖或混凝土砌块正拉粘结强度。

③层间剪切强度。

2）当进行材料性能检验和加固设计时，纤维织物截面面积应按纤维的净截面面积计算。净截面面积取纤维织物的计算厚度乘以宽度。纤维织物的计算厚度应按其单位面积质量除以纤维密度确定。

3）承重结构的现场粘贴加固，当采用涂刷法施工时，不得使用单位面积质量大于 300% 的碳纤维织物；当采用真空灌注法施工时，不得使用单位面积质量大于 450G/m² 的碳纤维织物；在现场粘贴条件下，尚不得采用预浸法生产的碳纤维织物。

2.2.7　聚合物改性水泥砂浆

（1）砌体结构加固用的聚合物改性水泥砂浆和水泥砂浆品种选用规定见表 2-26。

表 2-26　聚合物改性水泥砂浆和水泥砂浆品种选用规定

品　种	选 用 要 求
聚合物改性水泥砂浆	1. 对重要构件，应采用改性环氧类聚合物配制
	2. 对一般构件，可采用改性环氧类聚合物、改性丙烯酸酯共聚物乳液、丁苯胶乳或
复合水泥砂浆	氯丁胶乳配制；复合水泥砂浆应采用高强矿物掺和料配制
	3. 不得使用主成分不明的聚合物改性水泥砂浆或复合水泥砂浆

（2）砌体结构加固用的聚合物改性水泥砂浆和聚合物砂浆的等级分类及其要求规定见表 2-27。

表 2-27　聚合物改性水泥砂浆和聚合物砂浆的等级分类及其要求规定

类　别	等 级 分 类	等 级 规 定
聚合物改性水泥砂浆	分为 I$_m$ 和 II$_m$	（1）柱的加固：均应采用 I$_m$ 级砂浆 （2）墙的加固：可采用 I$_m$ 或 II$_m$ 级砂浆
聚合物砂浆	分为 I$_m$ 和 II$_m$	I$_m$ 级砂浆不得大于 15% II$_m$ 级砂浆不得大于 20%

（3）聚合物改性水泥砂浆的安全性能指标应符合表 2-28 的规定。

表 2-28　聚合物改性水泥砂浆的安全性能指标

检验项目 聚合物 砂浆等级	劈裂抗拉强度/MPa	与烧结砖或混凝土小砌块的正拉粘结强度/MPa	抗折强度/MPa	抗压强度/MPa	钢套筒粘结抗剪强度标准值/MPa	说　明
I	≥6.0	≥1.8，且为 MU20 砖或砌块内聚破坏	≥10	≥55	≥7.5	当采用水泥复合砂浆时，其安全性鉴定标准应按该表中 II$_m$ 级的规定执行
II	≥4.5		≥8	≥45	≥7.5	
试验方法标准	GB50550	本规范附录 B	GB50550	JGJ70	GB50550	

注：1. 检验应在浇筑的试件达到 28d 养护龄期时立即在试验室进行，若因故需要推迟检验日期，除应征得有关各方同意外，尚不应超过 3d。

　　2. 表中的性能指标除标有强度标注值外，均为平均值。

（4）寒冷地区加固砌体结构使用的聚合物砂浆，应具有耐冻融性能检验合格的证书。冻融环境温度应为 -25 ~ 35℃，循环次数不应少于 50 次；每次循环应为 8h；试验结束后，钢套筒粘结剪切试件在常温条件下测得的平均强度降低百分数均不应大于 10%。

（5）配制聚合物改性水泥砂浆用的聚合物原料，必须进行毒性检验。其完全固化物的检验结果应达到实际无毒的卫生等级。

2.2.8　砌体裂缝修补材料

（1）砌体裂缝修补胶（注射剂）的安全性能指标应符合表 2-29 的规定。

表 2-29　砌体裂缝修补胶（注射剂）安全性能指标

检 验 项 目		性 能 指 标	试 验 方 法 标 准
钢-钢拉伸抗剪强度标准值/MPa		≥10	GB/T 7124
胶体性能	抗拉强度/MPa	≥20	GB/T 2568
	受拉弹性模量/MPa	≥1500	GB/T 2568
	抗压强度/MPa	≥50	GB/T 2569
	抗弯强度/MPa	≥30，且不得呈脆性（碎裂状）破坏	GB/T 2570
不挥发物含量（%）		≥99	GB/T 2793
可灌注性		在产品使用说明书规定的压力下能注入宽度为 0.3mm 的裂缝	现场试灌注固化后取芯样检查

（2）砌体裂缝修补用水泥基注浆料的安全性能指标应符合表 2-30 的规定。

表 2-30　砌体裂缝修补用水泥基注浆料的安全性能指标

检 验 项 目	性能或质量指标	试 验 方 法 标 准
3D 抗压强度/MPa	≥40	GB/T 2569
28 劈裂抗拉强度/MPa	≥5	GB50550
28D 抗折强度/MPa	≥10	GB50550

（3）砌体裂缝修补用改性环氧类注浆料浆液和固化物的安全性能指标应分别符合表 2-31 和表 2-32 的规定。

表 2-31　改性环氧类注浆料浆液性能

项　　目	浆 液 性 能		试 验 方 法 标 准
	较低粘度型	一般粘度型	
浆液密度/（g/cm³）	1.00	1.00	GB/T 13354
初始粘度/（MPa·s）	≤800	≤1500	GB/T 2794
适用期（25℃下测定值）/min	≥40	≥30	GB/T 7123.1

表 2-32　改性环氧类注浆料固化物性能

项　　目	28d 固化物性能		试 验 方 法 标 准
	Iₘ 级	IIₘ 级	
抗压强度/MPa	≥60	≥40	GB/T 2569
拉伸剪切强度/MPa	≥7.0	≥5.0	GB/T 7124
抗拉强度/MPa	≥15	≥10	GB/T 2568
与 MU25 烧结砖或混凝土小砌块正拉粘结强度/MPa	≥1.8，且为基材内聚破坏		本书附录 D
抗渗压力/MPa	≥1.2	≥1.0	GB/T 18445
渗透压力比（%）	≥400	≥300	

2.2.9　防裂用短纤维

（1）砌体结构加固中用于混凝土或砂浆面层防裂的短纤维，可根据工程的要求，选用钢纤维或合成纤维。

（2）当采用钢纤维时，其质量和性能应符合现行行业标准《钢纤维混凝土》JB/T3064的有关规定。

（3）当采用合成纤维时，其单丝的主要参数和性能指标应符合表 2-33 的规定。

表 2-33　合成纤维主要参数和性能指标

纤维品种		聚丙烯腈纤维（腈纶）	聚酰胺纤维（尼龙）	改性聚酯纤维（涤纶）	聚丙烯纤维（丙纶）
主要参数	直径/μm	20 ~ 27	23 ~ 30	10 ~ 15	10 ~ 15
	适用长度/mm	12 ~ 20	6 ~ 19	6 ~ 20	6 ~ 20
	纤维形状	单丝、束状或膜裂网状			
	密度/（g/cm³）	1.18	1.16	1.0 ~ 1.3	0.9

2.2.10　结构胶粘剂

加固用的结构胶粘剂在不同用处时的采用规定及安全性能规定见表 2-34。

表 2-34　结构胶粘剂在不同用处时的采用规定及安全性能规定

胶粘剂用场	采用规定	安全性能规定
结构胶粘剂	应采用 B 级胶	使用前，必须进行安全性能检查。检验时，其粘结抗剪强度标准值应根据置信水平 C 为 0.90、保证率为 95% 的要求确定
用于浸渍、粘结纤维复合材及粘贴钢板、型钢的胶粘剂	必须采用专门配制的改性环氧树脂胶粘剂	其安全性能指标必须符合现行国家标准《混凝土结构加固设计规范》GB50367 规定的对 B 级胶的要求。承重结构加固工程中不得使用不饱和聚酯树脂、醇酸树脂等胶粘剂
用于种植后锚固件的胶粘剂	必须采用专门配制的改性环氧树脂胶粘剂	其安全性能指标必须符合现行国家标准《混凝土结构加固设计规范》GB50367 规定。在承重结构的后锚固工程中，不得使用水泥卷及其他水泥基锚固剂。种植锚固件的结构胶粘剂，其填料必须在工厂制胶时添加，严禁在施工现场掺入

2.3　基本设计规定

2.3.1　一般砌体结构的设计原则

（1）本书采用以概率理论为基础的极限状态设计方法，以可靠指标度量结构构件的可靠度，采用分项系数的设计表达式进行计算。

（2）砌体结构应按承载能力极限状态设计，并满足正常使用极限状态的要求。

（3）砌体结构和结构构件在设计使用年限内及正常维护条件下，必须保持满足使用要求，而不需大修或加固。设计使用年限可按现行国家标准《建筑结构可靠度设计统一标准》GB50068 的有关规定确定。

（4）根据建筑结构破坏可能产生的后果（危及人的生命、造成经济损失、产生社会影响等）的严重性，建筑结构应按表 2-35 划分为三个安全等级，设计时应根据具体情况适当选用。

表 2-35　　建筑结构的安全等级

安 全 等 级	破 坏 后 果	建筑物类型
一级	很严重	重要的房屋
二级	严重	一般的房屋
三级	不严重	次要的房屋

注：1. 对于特殊的建筑物，其安全等级可根据具体情况另行确定。

　　2. 对抗震设防区的砌体结构设计，应按现行国家标准《建筑抗震设防分类标准》GB50223 根据建筑物重要性区分建筑物类别。

（5）砌体结构按承载能力极限状态设计时，应按下列公式中最不利组合进行计算：

$$\gamma_0(1.2S_{Gk} + 1.4\gamma_L S_{Q1k} + \gamma_L \sum_{i=2}^{n} \gamma_{Qi}\psi_{ci}S_{Qik}) \leqslant R(f, a_k \cdots) \tag{2-4}$$

$$\gamma_0(1.35S_{Gk} + 1.4\gamma_L \sum_{i=1}^{n} \psi_{ci}S_{Qik}) \leqslant R(f, a_k \cdots) \tag{2-5}$$

式中　γ_0——结构重要性系数。对安全等级为一级或设计使用年限为 50 年以上的结构构件，不应小于 1.1；对安全等级为二级或设计使用年限为 50 年的结构构件，不应小于 1.0；对安全等级为三级或设计使用年限为 1～5 年的结构构件，不应小于 0.9；

　　　　γ_L——结构构件的抗力模型不定性系数。对静力设计，考虑结构设计使用年限的荷载调整系数，设计使用年限为 50 年，取 1.0；设计使用年限为 100 年，取 1.1；

　　　S_{Gk}——永久荷载标准值的效应；

　　　S_{Q1k}——在基本组合中起控制作用的一个可变荷载标准值的效应；

　　　S_{Qik}——第 i 个可变荷载标准值的效应；

　　　　R——结构构件的抗力函数；

　　　γ_{Qi}——第 i 个可变荷载的分项系数；

　　　ψ_{ci}——第 i 个可变荷载的组合值系数。一般情况下应取 0.7；对书库、档案库、储藏室或通风机房、电梯机房应取 0.9；

　　　　f——砌体的强度设计值，$f = f_k/\gamma_f$；

　　　f_k——砌体的强度标准值，$f_k = f_m - 1.645\sigma_1$；

　　　γ_f——砌体结构的材料性能分项系数，一般情况下，宜按施工质量控制等级为 B 级考虑，取 $\gamma_f = 1.6$；当为 C 级时，取 $\gamma_f = 1.8$；当为 A 级时，取 $\gamma_f = 1.5$；

　　　f_m——砌体的强度平均值，可按本书附录 C 的方法确定；

　　　σ_1——砌体强度的标准差；

a_k——几何参数标准值。

注：1. 当工业建筑楼面活荷载标准值大于 $4kN/m^2$ 时，式中系数 1.4 应为 1.3。

2. 施工质量控制等级划分要求，应符合现行国家标准《砌体结构工程施工质量验收规范》GB50203 的有关规定。

（6）当砌体结构作为一个刚体，需验算整体稳定性时，应按下式中最不利组合进行验算：

$$\gamma_0\left(1.2S_{G2k} + 1.4\gamma_L S_{Q1k} + \gamma_L \sum_{i=2}^{n} S_{Qik}\right) \leqslant 0.8S_{G1k} \tag{2-6}$$

$$\gamma_0\left(1.35S_{G2k} + 1.4\gamma_L \sum_{i=1}^{n} \psi_{ci} S_{Qik}\right) \leqslant 0.8S_{G1k} \tag{2-7}$$

式中 S_{G1k}——起有利作用的永久荷载标准值的效应；

S_{G2k}——起不利作用的永久荷载标准值的效应。

（7）设计应明确建筑结构的用途，在设计使用年限内未经技术鉴定或设计许可，不得改变结构用途、构件布置和使用环境。

2.3.2 房屋的静力计算规定

（1）房屋的静力计算，根据房屋的空间工作性能分为刚性方案、刚弹性方案和弹性方案。设计时，可按表 2-36 确定静力计算方案。

表 2-36 房屋的静力计算方案

	屋盖或楼盖类别	刚性方案	刚弹性方案	弹性方案
1	整体式、装配整体和装配式无檩体系钢筋混凝土屋盖或钢筋混凝土楼盖	$s < 32$	$32 \leqslant s \leqslant 72$	$s > 72$
2	装配式有檩体系钢筋混凝土屋盖、轻钢屋盖和有密铺塑板的木屋盖或木楼盖	$s < 20$	$20 \leqslant s \leqslant 48$	$s > 48$
3	瓦材屋面的木屋盖和轻钢屋盖	$s < 16$	$16 \leqslant s \leqslant 36$	$s > 36$

1）表 2-36 中 s 为房屋横墙间距，其长度单位为"m"。

2）当屋盖、楼盖类别不同或横墙间距不同时，可按本书 2.3.2（9）条的规定确定房屋的静力计算方案。

3）对无山墙或伸缩缝处无横墙的房屋，应按弹性方案考虑。

（2）刚性和刚弹性方案房屋的横墙，应符合下列规定：

1）横墙中开有洞口时，洞口的水平截面面积不应超过横墙截面面积的 50%。

2）横墙的厚度不宜小于 180mm。

3）单层房屋的横墙长度不宜小于其高度，多层房屋的横墙长度不宜小于 $H/2$（H 为横墙总高度）。

4）① 当横墙不能同时符合上述要求时，应对横墙的刚度进行验算。如其最大水平位移值 $u_{max} \leqslant \dfrac{H}{4000}$ 时，仍可视作刚性或刚弹性方案房屋的横墙。

② 凡符合①刚度要求的一段横墙或其他结构构件（如框架等，也可视作刚性或刚弹性方案房屋的横墙。

（3）弹性方案房屋的静力计算，可按屋架或大梁与墙（柱）为铰接的、不考虑空间工作的平面排架或框架计算。

（4）刚弹性方案房屋的静力计算，可按屋架、大梁与墙（柱）铰接并考虑空间工作的平面排架或框架计算。房屋各层的空间性能影响系数，可按表 2-37 采用，其计算方法应按本书设计附录 B 的规定采用。

表 2-37　房屋各层的空间性能影响系数 η

屋盖或楼盖类别	横墙间距 s/m														
	16	20	24	28	32	36	40	44	48	52	56	60	64	68	72
1	—	—	—	—	0.33	0.39	0.45	0.50	0.55	0.60	0.64	0.68	0.71	0.74	0.77
2	—	0.35	0.45	0.54	0.61	0.68	0.73	0.78	0.82	—	—	—	—	—	—
3	0.37	0.49	0.60	0.68	0.75	0.81	—	—	—	—	—	—	—	—	—

（5）刚性方案房屋的静力计算，应按下列规定进行：

1）单层房屋：在荷载作用下，墙、柱可视为上端不动铰支承于屋盖，下端嵌固于基础的竖向构件。

2）多层房屋：竖向荷载作用下，墙、柱在每层高度范围内，可近似地视作两端铰支的竖向构件；在水平荷载作用下，墙、柱可视作竖向连续梁。

3）对本层的竖向荷载，应考虑对墙、柱的实际偏心影响，梁端支承压力 N_l 到墙内边的距离，应取梁端有效支承长度 a_0 的 0.4 倍（图 2-1）。由上面楼层传来的荷载 N_u，可视作作用于上一楼层的墙、柱的截面重心处。

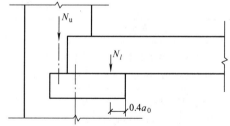

图 2-1　梁端支承压力位置

注：当板支撑于墙上时，板端支承压力 N_l 到墙内边的距离可取板的实际支承长度 a_0 的 0.4 倍。

4）对于梁跨度大于 9m 的墙承重的多层房屋，按上述方法计算时，应考虑端约束弯矩的影响。可按梁两端固结计算梁端弯矩，再将其乘以修正系数 γ 后，按墙体线性刚度分到上层墙底部和下层墙顶部，修正系数 γ 可按下式计算：

$$\gamma = 0.2 \sqrt{\frac{a}{h}} \tag{2-8}$$

式中　a——梁端实际支承长度；

　　　h——支承墙体的墙厚，当上下墙厚不同时取下部墙厚，当有壁柱时取 h_{T}。

（6）刚性方案多层房屋的外墙，计算风荷载时应符合下列要求：

1）风荷载引起的弯矩，可按下式计算：

$$M = \frac{\omega H_i^2}{12} \tag{2-9}$$

式中　ω——沿楼层高均布风荷载设计值（kN/m）；

　　　H_i——层高（m）。

　　2）当外墙符合下列要求时，静力计算可不考虑风荷载的影响：

　　① 洞口水平截面面积不超过全截面面积的 2/3。

　　② 层高和总高不超过表 2-38 的规定。

　　③ 屋面自重不小于 0.8kN/m²。

表 2-38　外墙不考虑风荷载影响时的最大高度

基本风压值/（kN/m²）	层高/m	总高/m
0.4	4.0	28
0.5	4.0	24
0.6	4.0	18
0.7	3.5	18

注：对于多层混凝土砌块房屋，当外墙厚度不小于 190mm、层高不大于 2.8m、总高不大于 19.6m、基本风压不大于
　　0.7kN/m² 时，可不考虑风荷载的影响。

　　（7）带壁柱墙的计算截面翼缘宽度 b_f，可按下列规定采用：

　　① 多层房屋，当有门窗洞口时，可取窗间墙宽度；当无门窗洞口时，每侧砌墙宽度可取壁柱高度（层高）的 1/3，但不应大于相邻壁柱间的距离。

　　② 单层房屋，可取壁柱宽加 2/3 墙高，但不应大于窗间墙宽度和相邻壁柱间的距离。

　　③ 计算带壁柱墙的条形基础时，可取相邻壁柱间的距离。

　　（8）当转角墙段角部受竖向集中荷载时，计算截面的长度可从角点算起，每侧宜取层高的 1/3。当上述墙体范围内有门窗洞口时，则计算截面取至洞边，但不宜大于层高的 1/3。当上层的竖向集中荷载传至本层时，可按均布荷载计算，此时转角墙段可按角形截面偏心受压构件进行承载力验算。

　　（9）计算上柔下刚多层房屋时，顶层可按单层房屋计算，其空间性能影响系数可根据屋盖类别按本书表 2-37 采用。

2.3.3　耐久性规定

　　（1）砌体结构的耐久性应根据表 2-39 的环境类别和设计使用年限进行设计。

表 2-39　砌体结构的环境类别

环境类别	条件
1	正常居住及办公建筑的内部干燥环境
2	潮湿的室内或室外环境，包括与无侵蚀性土和水接触的环境
3	严寒和使用化冰盐的潮湿环境（室内或室外）
4	与海水直接接触的环境，或处于滨海地区的盐饱和的气体环境
5	有化学侵蚀的气体、液体或固态形式的环境，包括有侵蚀性土壤的环境

　　（2）当设计使用年限为 50 年时，砌体中钢筋的耐久性选择应符合表 2-40 的规定。

表 2-40　砌体中钢筋的耐久性选择

环 境 类 别	钢筋种类和最低保护要求	
	位于砂浆中的钢筋	位于灌孔混凝土中的钢筋
1	普通钢筋	普通钢筋
2	重镀锌或有等效保护的钢筋	当采用混凝土灌孔时，可为普通钢筋；当采用砂浆灌孔时应为重镀锌或有等效保护的钢筋
3	不锈钢或有等效保护的钢筋	重镀锌或有等效保护的钢筋
4 和 5	不锈钢或等效保护的钢筋	不锈钢或等效保护的钢筋

注：1. 对夹心墙的外叶墙，应采用重镀锌或有等效保护的钢筋。

　　2. 表中的钢筋即为国家现行标准《混凝土结构设计规范》GB50010 和《冷轧带肋钢筋混凝土结构技术规程》JGJ95 等标准规定的普通钢筋或非预应力钢筋。

（3）设计使用年限为 50 年时，砌体结构相关问题的解决规范见表 2-41。

表 2-41　砌体结构相关问题的解决规范

序号	问　题	解　决　规　范			
1	砌体钢筋的保护层厚度	（1）配筋砌体中钢筋的最小混凝土保护层应符合表 2-42 的规定			
		（2）灰缝中钢筋外露砂浆保护层的厚度不应小于 15mm			
		（3）所有钢筋端部应有与对应钢筋的环境类别条件相同的保护层厚度			
2	夹心墙的钢筋连接件或钢筋网片、连接钢板、锚固螺栓或钢筋	应采用重镀锌或等效的防护涂层，镀锌层的厚度不应小于 290g/m²；当采用环氧涂层时，灰缝钢筋涂层厚度不应小于 290μm，其余部件涂层厚度不应小于 450μm			
3	砌体的耐久性	地面以下或防潮层以下的砌体、潮湿房间的墙或环境类别 2 的砌体，所用材料的最低强度等级应符合右侧等级表	潮湿程度	稍潮湿的	很潮湿的	含水饱和的
			烧结普通砖	MU15	MU20	MU20
			混凝土普通砖、蒸压普通砖	MU20	MU20	MU25
			混凝土砌块	MU7.5	MU10	MU15
			石材	MU30	MU30	MU40
			水泥砂浆	M5	M7.5	M10
		处于环境类别 3～5 等有侵蚀性介质的砌体材料应符合右侧规定	（1）不应采用蒸压灰砂普通砖、蒸压粉煤灰 （2）应采用实心砖，砖的强度等级不应低于 MU20，水泥砂浆的强度等级不应低于 M10 （3）混凝土砌块的强度等级不应低于 MU15，灌孔混凝土的强度等级不应低于 C_b30，砂浆的强度等级不应低 M_b10 （4）应根据环境条件对砌体材料的抗冻指标、耐酸性能提出要求，或符合有关规定			

注：1. 在冻胀地区，地面以下或防潮层以下的砌体，不宜采用多孔砖，如采用时，其孔洞应用不低于 M10 的水泥砂浆预先灌实。当采用混凝土空心砌块时，其孔洞应采用强度等级不低于 C_b 的混凝土预先灌实。

　　2. 对安全等级为一级或设计使用年限大于 50 年的房屋，表中材料强度等级应至少提高一级。

表 2-42　钢筋的最小保护层厚度

环　境　类　别	混凝土强度等级			
	C20	C25	C30	C35
	最低水泥含量/（kg/m³）			
	260	280	300	320
1	20	20	20	20
2	—	25	25	25
3	—	40	40	30
4	—	—	40	40
5	—	—	—	40

注：1. 材料中最大氯离子含量和最大碱含量应符合现行国家标准《建筑结构设计规范》GB50010 的规定。

　　2. 当采用防渗砌块体和防渗砂浆时，可以考虑部分砌体（含抹灰层）的厚度作为保护层，但对环境类别1、

　　　2、3，其混凝土保护层的厚度相应不应小于10mm、15mm 和 20mm。

　　3. 钢筋砂浆面层的组合砌体构件的钢筋保护层厚度宜比本表规定的混凝土保护层厚度度数值增加 5 ~ 10mm。

　　4. 对安全等级为一级或设计使用年限为 50 年以上的砌体结构，钢筋保护层的厚度应至少增加 10mm。

2.4　无筋砌体构件

2.4.1　受压构件

（1）受压构件为砌体结构最普通的受力形式。砌体结构房屋中的墙、柱承受轴或偏心压力，构件截面的选择，应根据受力情况来确定。通常有方形、矩形、T 形、十字形等十几种。受压构件的承载力，应符合下式的要求：

$$N \leqslant \varphi f A \tag{2-10}$$

式中　N——轴向力设计值；

　　　　φ——高厚比和轴向力的偏心距 e 对受压构件承载力的影响系数，按表 2-43 ~ 表 2-46 的规定采用或按影响系数 φ 的公式计算；

　　　　A——截面面积，对带壁柱墙，其翼缘宽度可按本书第 2.3.2 节的第 7 条采用。对矩形截面构件，当轴向力偏心方向的截面边长大于另一方向的边长时，除按偏心受压计算外，还应对较小边长方向，按轴心受压进行验算。

　　　　其中，确定影响系数 φ 的公式为：

1）无筋砌体矩形截面单向偏心受压构件承载力的影响系数 φ，可按表 2-43 ~ 表 2-46 采用或按下列公式计算，计算 T 形截面受压构件的 φ 时，应以折算厚度 h_T 代替公式 2-11 中的 h。$h_T = 3.5i$，i 为 T 形截面的回转半径。

当 $\beta \leqslant 3$ 时：

$$\varphi = \frac{1}{1 + 12\left(\dfrac{e}{h}\right)^2} \tag{2-11}$$

当 $\beta > 3$ 时：
$$\varphi = \frac{1}{1 + 12\left[\dfrac{e}{h} + \sqrt{\dfrac{1}{12}\left(\dfrac{1}{\varphi_0} - 1\right)}\right]^2} \tag{2-12}$$

$$\varphi_0 = \frac{1}{1 + \alpha\beta^2} \tag{2-13}$$

式中　e——轴向力的偏心距；

　　　h——矩形截面的轴向力偏心方向的边长；

　　　φ_0——轴心受压构件的稳定系数；

　　　α——与砂浆强度等级有关的系数，当砂浆强度等级大于或等于 M5 时，α 取 0.0015；
当砂浆强度等级等于 M2.5 时，α 取 0.002；当砂浆强度等级 f_2 等于 0 时，α 取
0.009；

　　　β——构件的高厚比。

2）网状配筋砖砌体矩形截面单向偏心受压构件承载力的影响系数 φ_n，可按表 2-46 采用或按下列公式计算：

$$\varphi_n = \frac{1}{1 + 12\left[\dfrac{e}{h} + \sqrt{\dfrac{1}{12}\left(\dfrac{1}{\varphi_{0n}} - 1\right)}\right]^2} \tag{2-14}$$

$$\varphi_{0n} = \frac{1}{1 + (0.0015 + 0.45\rho)\beta^2} \tag{2-15}$$

式中　φ_{0n}——网状配筋砖砌体受压构件的稳定系数；

　　　ρ——配筋率（体积比）。

3）无筋砌体矩形截面双向偏心受压构件（图 2-2）承载力的影响系数，可按下列公式计算，当一个方向的偏心率（e_b/b 或 e_h/h）不大于另一个方向的单向偏心受压，按 2.4.1 第 1 条 1）的规定确定承载力的影响系数。

$$\varphi = \frac{1}{1 + 12\left[\left(\dfrac{e_b + e_{ib}}{b}\right)^2 + \left(\dfrac{e_h + e_{ih}}{h}\right)^2\right]} \tag{2-16}$$

$$e_{ib} = \frac{b}{\sqrt{12}}\sqrt{\frac{1}{\varphi_0} - 1}\left[\frac{\dfrac{e_b}{b}}{\dfrac{e_b}{b} + \dfrac{e_h}{h}}\right] \tag{2-17}$$

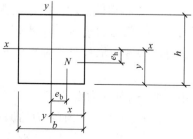

图 2-2　双向偏心受压

$$e_{ih} = \frac{h}{\sqrt{12}}\sqrt{\frac{1}{\varphi_0} - 1}\left[\frac{\dfrac{e_h}{h}}{\dfrac{e_b}{b} + \dfrac{e_h}{h}}\right] \tag{2-18}$$

式中　e_b、e_h——轴向力的截面重心 x 轴、y 轴方向的偏心距，e_b、e_h 宜分别不大于 0.54X
和 0.5Y；

　　　X、Y——自截面重心沿 x 轴、y 轴至轴向力所在偏心方向截面边缘的距离；

　　　e_{ib}、e_{ih}——轴向力在截面重心 x 轴、y 轴方向的附加偏心距。

表 2-43 影响系数 φ（砂浆强度等级 $\geqslant$ M5）

β	$\dfrac{e}{h}$ 或 $\dfrac{e}{h_\mathrm{T}}$						
	0	0.025	0.05	0.075	0.1	0.125	0.15
$\leqslant 3$	1	0.99	0.97	0.94	0.89	0.84	0.79
4	0.98	0.95	0.90	0.85	0.80	0.74	0.69
6	0.95	0.91	0.86	0.81	0.75	0.69	0.64
8	0.91	0.86	0.81	0.76	0.70	0.64	0.59
10	0.87	0.82	0.76	0.71	0.65	0.60	0.55
12	0.82	0.77	0.71	0.66	0.60	0.55	0.51
14	0.77	0.72	0.66	0.61	0.56	0.51	0.47
16	0.72	0.67	0.61	0.56	0.52	0.47	0.44
18	0.67	0.62	0.57	0.52	0.48	0.44	0.40
20	0.62	0.57	0.53	0.48	0.44	0.40	0.37
22	0.58	0.53	0.49	0.45	0.41	0.38	0.35
24	0.54	0.49	0.45	0.41	0.38	0.35	0.32
26	0.50	0.46	0.42	0.38	0.35	0.33	0.30
28	0.46	0.42	0.39	0.36	0.33	0.30	0.28
30	0.42	0.39	0.36	0.33	0.31	0.28	0.26

β	$\dfrac{e}{h}$ 或 $\dfrac{e}{h_\mathrm{T}}$					
	0.175	0.2	0.225	0.25	0.275	0.3
$\leqslant 3$	0.73	0.68	0.62	0.57	0.52	0.48
4	0.64	0.58	0.53	0.49	0.45	0.41
6	0.59	0.54	0.49	0.45	0.42	0.38
8	0.54	0.50	0.46	0.42	0.39	0.36
10	0.50	0.46	0.42	0.39	0.36	0.33
12	0.47	0.43	0.39	0.36	0.33	0.31
14	0.43	0.40	0.36	0.34	0.31	0.29
16	0.40	0.37	0.34	0.31	0.29	0.27
18	0.37	0.34	0.31	0.29	0.27	0.25
20	0.34	0.32	0.29	0.27	0.25	0.23
22	0.32	0.30	0.27	0.25	0.24	0.22
24	0.30	0.28	0.26	0.24	0.22	0.21
26	0.28	0.26	0.24	0.22	0.21	0.19
28	0.26	0.24	0.22	0.21	0.19	0.16
30	0.24	0.22	0.21	0.20	0.18	0.17

表 2-44 影响系数 φ（砂浆强度等级 M2.5）

β	$\dfrac{e}{h}$ 或 $\dfrac{e}{h_{\mathrm{T}}}$						
	0	0.025	0.05	0.075	0.1	0.125	0.15
≤3	1	0.99	0.97	0.94	0.89	0.84	0.79
4	0.97	0.94	0.89	0.84	0.78	0.73	0.67
6	0.93	0.89	0.84	0.78	0.73	0.67	0.62
8	0.89	0.84	0.78	0.72	0.67	0.62	0.57
10	0.83	0.78	0.72	0.67	0.61	0.56	0.52
12	0.78	0.72	0.67	0.61	0.56	0.52	0.47
14	0.72	0.66	0.61	0.56	0.51	0.47	0.43
16	0.66	0.61	0.56	0.51	0.47	0.43	0.40
18	0.61	0.56	0.51	0.47	0.43	0.40	0.36
20	0.56	0.51	0.47	0.43	0.39	0.36	0.33
22	0.51	0.47	0.43	0.39	0.36	0.33	0.31
24	0.46	0.43	0.39	0.36	0.33	0.31	0.28
26	0.42	0.39	0.36	0.33	0.31	0.28	0.26
28	0.39	0.36	0.33	0.30	0.28	0.26	0.24
30	0.36	0.33	0.30	0.28	0.26	0.24	0.22

β	$\dfrac{e}{h}$ 或 $\dfrac{e}{h_{\mathrm{T}}}$					
	0.175	0.2	0.225	0.25	0.275	0.3
≤3	0.73	0.68	0.62	0.57	0.52	0.48
4	0.62	0.57	0.52	0.48	0.44	0.40
6	0.57	0.52	0.48	0.44	0.40	0.37
8	0.52	0.48	0.44	0.40	0.37	0.34
10	0.47	0.43	0.40	0.37	0.34	0.31
12	0.43	0.40	0.37	0.34	0.31	0.29
14	0.40	0.36	0.34	0.31	0.29	0.27
16	0.36	0.34	0.31	0.29	0.26	0.25
18	0.33	0.31	0.29	0.26	0.24	0.23
20	0.31	0.28	0.26	0.24	0.23	0.21
22	0.28	0.26	0.24	0.23	0.21	0.20
24	0.26	0.24	0.23	0.21	0.20	0.18
26	0.24	0.22	0.21	0.20	0.18	0.17
28	0.22	0.21	0.20	0.18	0.17	0.16
30	0.21	0.20	0.18	0.17	0.16	0.15

表 2-45　**影响系数** φ（砂浆强度 0）

β	$\frac{e}{h}$或$\frac{e}{h_T}$						
	0	0.025	0.05	0.075	0.1	0.125	0.15
≤3	1	0.99	0.97	0.94	0.89	0.84	0.79
4	0.87	0.82	0.77	0.71	0.66	0.60	0.55
6	0.76	0.70	0.65	0.59	0.54	0.50	0.46
8	0.63	0.58	0.54	0.49	0.45	0.41	0.38
10	0.53	0.48	0.44	0.41	0.37	0.34	0.32
12	0.44	0.40	0.37	0.34	0.31	0.29	0.27
14	0.36	0.33	0.31	0.28	0.26	0.24	0.23
16	0.30	0.28	0.26	0.24	0.22	0.21	0.19
18	0.26	0.24	0.22	0.21	0.19	0.18	0.17
20	0.22	0.20	0.19	0.18	0.17	0.16	0.15
22	0.19	0.18	0.16	0.15	0.14	0.14	0.13
24	0.16	0.15	0.14	0.13	0.13	0.12	0.11
26	0.14	0.13	0.13	0.12	0.11	0.11	0.10
28	0.12	0.12	0.11	0.11	0.10	0.10	0.09
30	0.11	0.10	0.10	0.09	0.09	0.09	0.08

β	$\frac{e}{h}$或$\frac{e}{h_T}$					
	0.175	0.2	0.225	0.25	0.275	0.3
≤3	0.73	0.68	0.62	0.57	0.52	0.48
4	0.51	0.46	0.43	0.39	0.36	0.33
6	0.42	0.39	0.36	0.33	0.30	0.28
8	0.35	0.32	0.30	0.28	0.25	0.24
10	0.29	0.27	0.25	0.23	0.22	0.20
12	0.25	0.23	0.21	0.20	0.19	0.17
14	0.21	0.20	0.18	0.17	0.16	0.15
16	0.18	0.17	0.16	0.15	0.14	0.13
18	0.16	0.15	0.14	0.13	0.12	0.12
20	0.14	0.13	0.12	0.12	0.11	0.10
22	0.12	0.12	0.11	0.10	0.10	0.09
24	0.11	0.10	0.10	0.09	0.09	0.08
26	0.10	0.09	0.09	0.08	0.08	0.07
28	0.09	0.08	0.08	0.08	0.07	0.07
30	0.08	0.07	0.07	0.07	0.07	0.06

表 2-46　影响系数 φ_n

ρ (%)	β	e/h 0	0.05	0.10	0.15	0.17
0.1	4	0.97	0.89	0.78	0.67	0.63
	6	0.93	0.84	0.73	0.62	0.58
	8	0.89	0.78	0.67	0.57	0.53
	10	0.84	0.72	0.62	0.52	0.48
	12	0.78	0.67	0.56	0.48	0.44
	14	0.72	0.61	0.52	0.44	0.41
	16	0.67	0.56	0.47	0.40	0.37
0.3	4	0.96	0.87	0.76	0.65	0.61
	6	0.91	0.80	0.69	0.59	0.55
	8	0.84	0.74	0.62	0.53	0.49
	10	0.78	0.67	0.56	0.47	0.44
	12	0.71	0.60	0.51	0.43	0.40
	14	0.64	0.54	0.46	0.38	0.36
	16	0.58	0.49	0.41	0.35	0.32
0.5	4	0.94	0.85	0.74	0.63	0.59
	6	0.88	0.77	0.66	0.56	0.52
	8	0.81	0.69	0.59	0.50	0.46
	10	0.73	0.62	0.52	0.44	0.41
	12	0.65	0.55	0.46	0.39	0.36
	14	0.58	0.49	0.41	0.35	0.32
	16	0.51	0.43	0.36	0.31	0.29
0.7	4	0.93	0.83	0.72	0.61	0.57
	6	0.86	0.75	0.63	0.53	0.50
	8	0.77	0.66	0.56	0.47	0.43
	10	0.68	0.58	0.49	0.41	0.38
	12	0.60	0.50	0.42	0.36	0.33
	14	0.52	0.44	0.37	0.31	0.30
	16	0.46	0.38	0.33	0.28	0.26
0.9	4	0.92	0.82	0.71	0.60	0.56
	6	0.83	0.72	0.61	0.52	0.48
	8	0.73	0.63	0.53	0.45	0.42
	10	0.64	0.54	0.46	0.38	0.36
	12	0.55	0.47	0.39	0.33	0.31
	14	0.48	0.40	0.34	0.29	0.27
	16	0.41	0.35	0.30	0.25	0.24
1.0	4	0.91	0.81	0.70	0.59	0.55
	6	0.82	0.71	0.60	0.51	0.47
	8	0.72	0.61	0.52	0.43	0.41
	10	0.62	0.53	0.44	0.37	0.35
	12	0.54	0.45	0.38	0.32	0.30
	14	0.46	0.39	0.33	0.28	0.26
	16	0.39	0.34	0.28	0.24	0.23

（2）确定影响系数 φ 时，构件高厚比 β 应按下列公式计算：

对矩形截面

$$\beta = \gamma_\beta \frac{H_0}{h} \qquad (2\text{-}19)$$

对 T 形截面

$$\beta = \gamma_\beta \frac{H_0}{h_{\text{T}}} \qquad (2\text{-}20)$$

式中　γ_β——不同材料砌体构件的高厚比修正系数，按表 2-47 采用；

　　　H_0——受压构件的计算高度，按表 2-48 确定；

　　　h——矩形截面轴向力偏心方向的边长，当轴心受压时为截面较小边长；

　　　h_{T}——T 形截面的折算厚度，可近似按 $3.5i$ 计算，i 为截面回转半径。

表 2-47　高厚比修正系数 γ_β

砌体材料类别	γ_β
烧结普通砖、烧结多孔砖	1.0
混凝土普通砖、混凝土多孔砖、混凝土及轻集料混凝土砌块	1.1
蒸压灰砂普通砖、蒸压粉煤灰普通砖、细料石	1.2
粗料石、毛石	1.5

注：对灌孔混凝土砌块砌体，γ_β 取 1.0。

（3）受压构件的计算高度 H_0，根据房屋类别和构件支承条件等按表 2-48 采用。表中的构件高度 H 应按下列规定采用：

1）在房屋底层，为楼板顶面到构件下端支点的距离。下端支点的位置，可取在基础顶面。当埋置较深且有刚性地坪时，可取室外地面下 500mm 处。

2）在房屋其他层，为楼板或其他水平支点间的距离。

表 2-48　受压构件的计算高度 H_0

房屋类别			柱		带壁柱墙或周边拉接的墙		
			排架方向	垂直排架方向	$s > 2H$	$2H \geqslant s > H$	$s \leqslant H$
有吊车的单层房屋	变截面柱上段	弹性方案	$2.5H_u$	$1.25H_u$	$2.5H_u$		
		刚性、刚弹性方案	$2.0H_u$	$1.25H_u$	$2.0H_u$		
	变截面柱下段		$1.0H_l$	$0.8H_l$	$1.0H_l$		
无吊车的单层和多层房屋	单跨	弹性方案	$1.5H$	$1.0H$	$1.5H$		
		刚弹性方案	$1.2H$	$1.0H$	$1.2H$		
	多跨	弹性方案	$1.25H$	$1.0H$	$1.25H$		
		刚弹性方案	$1.10H$	$1.0H$	$1.1H$		
	刚性方案		$1.0H$	$1.0H$	$1.0H$	$0.4s + 0.2H$	$0.6s$

注：1. 表中 H_u 为变截面柱的上段高度；H_l 为变截面柱的下段高度。

　　2. 对于上端为自由端的构件，$H_0 = 2H$。

　　3. 独立砖柱，当无柱间支撑时，柱在垂直排架方向的 H_0 应按表中数值乘以 1.25 后采用。

　　4. s 为房屋横墙间距。

　　5. 自承重墙的计算高度应根据周边支承或拉结条件确定。

3）对于无壁柱的山墙，可取层高加山墙高度的 1/2；对于带壁柱的山墙可取壁柱处的山墙高度。

（4）对有吊车的房屋，当荷载组合不考虑吊车作用时，变截面柱上段的计算高度可按本规范表 2-48 规定采用；变截面柱下段的计算高度，可按下列规定采用：

1）当 $H_u/H \leqslant 1/3$ 时，取无吊车房屋的 H_0。

2）当 $1/3 < H_u/H < 1/2$ 时，取无吊车房屋的 H_0 乘以修正系数，修正系数 μ 可按下式计算：

$$\mu = 1.3 - 0.3I_u/I_l \tag{2-21}$$

式中　I_u——变截面柱上段的惯性矩；

　　　I_l——变截面柱的惯性矩。

3）当 $H_u/H \geqslant 1/2$ 时，取无吊车房屋的 H_0。但在确定 β 值时，应采用上柱截面。

注：本条规定也适用于无吊车房屋的变截面柱。

（5）按内力设计值计算的轴向力的偏心距 e 不应超过 $0.6y$。y 为截面重心到轴向力所在偏心方向截面边缘的距离。

2.4.2　局部受压

（1）受局部均匀压力时的砌体截面承载力，应满足下式的要求：

$$N_l \leqslant \gamma f A_l \tag{2-22}$$

砌体局部抗压强度提高系数 R 可按下式计算：

$$\gamma = 1 + 0.35\sqrt{\frac{A_0}{A_l} - 1} \tag{2-23}$$

式中　N_l——局部受压面积上的轴向力设计值；

　　　γ——砌体局部抗压强度提高系数，见表 2-49；

　　　f——砌体的抗压强度设计值，局部受压面积小于 0.3m^2，可不考虑强度调整系数 γ_a 的影响；

　　　A_l——局部受压面积。

　　　A_0——影响砌体局部抗压强度的计算面积，见表 2-49。

表 2-49　砌体局部抗压强度提高系数 γ 和局部受压面积 A_0

情况类型	A_0	γ			
		普通砖砌体	灌孔混凝土砌块砌体	未灌孔混凝土砌块砌体	多孔砖砌体
a)	$A_0 = (a + c + h)h$	$\leqslant 2.5$	$\leqslant 1.50$	$\leqslant 1.00$	1.0

（续）

情况类型	A_0	γ			
		普通砖砌体	灌孔混凝土砌块砌体	未灌孔混凝土砌块砌体	多孔砖砌体
 b)	$A_0 = (b + 2h)h$	≤2.0	≤1.50	≤1.00	1.0
 c)	$A_0 = (a + h)h +$ $(b + h_1 - h)h_1$	≤1.50	≤1.50	≤1.00	1.0
 d)	$A_0 = (a + h)h$	≤1.25	≤1.25	≤1.00	1.0

（2）梁端局部受压

1）当梁端无垫块：梁端支承处砌体的局部受压承载力计算公式

$$\varphi N_0 + N_l \leqslant \eta \gamma f A_t \tag{2-24}$$

$$\varphi = 1.5 - 0.5 \frac{A_0}{A_t} \tag{2-25}$$

$$N_0 = \sigma_0 A_t$$

$$A_l = a_0 b$$

$$a_0 = 10 \sqrt{\frac{h_c}{f}} \tag{2-26}$$

式中　φ——上部荷载的折减系数，当 A_0/A_t 大于或等于 3 时，应取 φ 等于 0；

　　　N_0——局部受压面积内上部轴向力设计值（N）；

　　　N_l——梁端支承压力设计值（N）；

σ_0——上部平均压应力设计值（N/mm²）；

η——梁端底面压应力图形的完整系数，应取0.7，对于过梁和墙梁应取1.0；

a_0——梁端有效支承长度（mm）；当a_0大于a时，应取a_0等于a，a为梁端实际支承长度（mm）；

b——梁的截面宽度（mm）；

h_c——梁的截面高度（mm）；

f——砌体的抗压强度设计值（MPa）。

2）当梁端设有刚性垫块：砌体的局部受压应符合以下规定

① 刚性垫块下的砌体局部受压承载力，应按下列公式计算：

$$N_0 + N_l \leqslant \varphi \gamma_1 f A_b \tag{2-27}$$

$$N_0 = \sigma_0 A_b \tag{2-28}$$

$$A_b = a_b b_b \tag{2-29}$$

式中　N_0——垫块面积A_b内上部轴向力设计值（N）；

φ——垫块上N_0与N_l合力的影响系数，计算时应取$\beta \leqslant 3$，按第2.4.1第1条规定取值；

γ_1——垫块外砌体面积的有利影响系数，γ_1应为0.8γ，但不小于$1.0r$。γ为砌体局部抗压强度调高系数，按公式（2-22）以A_b代替A_l计算得出；

A_b——垫块面积（mm²）；

a_b——垫块伸入墙内的长度（mm）；

b_b——垫块的宽度（mm）。

② 刚性垫块的构造，应符合下列规定：

a. 刚性垫块的高度不应小于180mm，自梁边算起的垫块挑出长度不应大于垫块高度t_b。

b. 在带壁柱墙的壁柱内设刚性垫块时（图2-3），其计算面积应取壁柱范围内的面积，而不应计算翼缘部分，同时壁柱上垫块伸入翼墙内的长度不应小于120mm。

c. 当现浇垫块与梁端整体浇筑时，垫块可在梁高范围内设置。

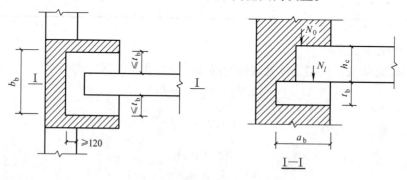

图2-3　壁柱上设有垫块时梁端局部受压

③ 梁端设有刚性垫块时，垫块上N_l作用点的位置可取梁端有效支承长度a_0的0.4倍。a_0应按下式确定：

$$a_0 = \delta_1 \sqrt{\frac{h_c}{f}} \tag{2-30}$$

式中　δ_1——刚性垫块的影响系数，可按表 2-50 采用。

表 2-50　刚性垫块的影响系数 δ_1

δ_0/f	0	0.2	0.4	0.6	0.8
δ_1	5.4	5.7	6.0	6.9	7.8

注：表中其间的数值可采用插入法求得。

（3）当梁下设有长度大于 πh_0 的垫梁

1）垫梁上梁端有效支撑长度 a_0 可按公式（2-30）计算。

2）垫梁下的砌体局部受压承载力（图 2-4），应按下列公式计算：

$$N_0 + N_l \leqslant 2.4\delta_2 f_b h_0 \tag{2-31}$$

$$N_0 = \pi b_h h_0 \sigma_0/2 \tag{2-32}$$

$$h_0 = 2\sqrt[3]{\frac{E_c I_c}{Eh}} \tag{2-33}$$

式中　N_0——垫梁上部轴向力设计值（N）；

　　　b_b——垫梁在墙厚方向的宽度（mm）；

　　　δ_2——垫梁底面压应力分布系数，当荷载沿墙厚方向均匀分布时可取 1.0，不均匀分布时可取 0.8；

　　　h_0——垫梁折算高度（mm）；

　　E_c、I_c——分别为垫梁的混凝土弹性模量和截面惯性矩；

　　　E——砌体的弹性模量；

　　　h——墙厚（mm）。

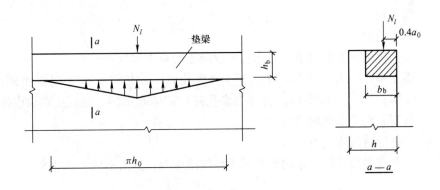

图 2-4　垫梁局部受压

2.4.3　轴心受拉构件

轴心受拉构件的承载力，应满足下式的要求：

$$N_t \leqslant f_t A \tag{2-34}$$

式中　N_t——轴心拉力设计值；

　　　f_t——砌体的轴心抗拉强度设计值，应按表 2-10 采用。

2.4.4　受弯构件

（1）受弯构件的承载力，应满足下式的要求：

$$M \leqslant f_{tm}W \tag{2-35}$$

式中　M——弯矩设计值；

f_{tm}——砌体弯曲抗拉强度设计值，应按表 2-10 采用。

W——截面抵抗矩。

（2）受完构件的受剪承载力，应按下列公式计算：

$$V \leqslant f_v bz \tag{2-36}$$

$$z = I/S \tag{2-37}$$

式中　V——剪力设计值；

f_v——砌体的抗剪强度设计值，应按表 2-10 采用；

b——截面宽度；

z——内力臂，当截面为矩形时取 $z = 2h/3$（h 为截面高度）；

I——截面惯性矩；

S——截面面积矩。

2.4.5　受剪构件

沿通缝或沿阶梯形截面破坏时受剪构件的承载力，应按下列公式计算：

$$V \leqslant (f_v + \alpha\mu\sigma_0)A \tag{2-38}$$

当 $\gamma_G = 1.2$ 时，$\mu = 0.26 - 0.082\dfrac{\sigma_0}{f}$；当 $\gamma_G = 1.35$ 时，$\mu = 0.23 - 0.065\dfrac{\sigma_0}{f}$

式中　V——剪力设计值；

A——水平截面面积；

f_v——砌体抗剪强度设计值，对灌孔的混凝土砌块砌体取 f_{vg}；

α——修正系数；当 $\gamma_G = 1.2$ 时，砖（含多孔砖）砌体取 0.60，混凝土砌块砌体取 0.64；当 $\gamma_G = 1.35$ 时，砖（含多孔砖）砌体取 0.64，混凝土砌块砌体取 0.66；

μ——剪压复合受力影响系数；

f——砌体的抗压强度设计值；

σ_0——永久荷载设计值产生的水平截面平均压应力，其值不应大于 $0.8f$。

2.5　构造要求

2.5.1　墙、柱的高厚比验算

（1）墙、柱的高厚比验算应按以下公式计算

$$\beta = \frac{H_0}{h} \leqslant \mu_1\mu_2[\beta] \tag{2-39}$$

式中　H_0——墙、柱的计算高度；

h——墙厚或矩形柱与 H_0 相对应的边长；

μ_1——自承重墙允许高厚比的修正系数；

μ_2——有门窗洞口墙允许高厚比的修正系数；

$[\beta]$——墙、柱的允许高厚比，应按表 2-51 采用。

注：1）墙、柱的计算高度应按本书 2.4.1 的第 3 条采用。

2）当与墙连接的相邻两墙间的距离 $s \leqslant \mu_1\mu_2 [\beta] h$ 时，墙的高度可不受本条限制；

3）变截面柱的高厚比可按上、下截面分别验算，其计算高度可按第 2.4.1 的第 4 条的规定采用。验算上柱的高厚比时，墙、柱的允许高厚比可按表 2-51 的数值乘以 1.3 后采用。

表 2-51　墙、柱的允许高厚比 $[\beta]$ 值

砌 体 类 型	砂浆强度等级	墙	柱
无筋砌体	M2.5	22	15
	M5.0 或 Mb5.0、Ms5.0	24	16
	≥M7.5 或 Mb7.5、Ms7.5	26	17
配筋砌块砌体	—	30	21

注：1. 毛石墙、柱的允许高厚比应按表中数值降低 20%。

2. 带有混凝土或砂浆面层的组合砖砌体构件的允许高厚比，可按表中数值提高 20%，但不得大于 28。

3. 验算施工阶段砂浆尚未硬化的新砌砌体构件高厚比时，允许高厚比对墙取 14，对柱取 11。

（2）带壁柱墙和带构造柱墙的高厚比验算应遵循以下规定：

1）按公式（2-37）验算带壁柱墙的高厚比，此时公式中 h 改用带壁柱墙截面的折算厚度 h_T 确定截面回转半径时，墙截面的翼缘宽度，可按本书第 2.3.2 的第 7 条的规定采用；当确定带壁柱墙的计算高度 H_0 时，s 应取与之相交相邻墙之间的距离。

2）当构造柱截面宽度不小于墙厚时，可按公式（2-37）验算带构造柱墙的高厚比，此时公式中 h 取墙厚；当确定带构造柱墙的计算高度 H_0 时，s 应取相邻横墙间的距离；墙的允许高厚比 $[\beta]$ 可乘以修正系数 μ_c，μ_c 可按下式计算：

$$\mu_c = 1 + \gamma \frac{b_c}{l} \tag{2-40}$$

式中　γ——系数。对细料石砌体，$\gamma = 0$；对混凝土砌块、混凝土多孔砖、粗料石、毛料石及毛石砌体，$\gamma = 1.0$；其他砌体，$\gamma = 1.5$；

b_c——构造柱沿墙长方向的宽度；

l——构造柱的间距。

当 $\frac{b_c}{l} > 0.25$ 时，取 $\frac{b_c}{l} = 0.25$；当 $\frac{b_c}{l} < 0.05$ 时，取 $\frac{b_c}{l} = 0$。

注：考虑构造柱有利作用的高厚比验算不适用于施工阶段。

3）按公式（2-39）验算壁柱间墙或构造柱间墙的高厚比时，s 应取相邻壁柱间或相邻构造柱间的距离。设有钢筋混凝土圈梁的带壁柱墙或带构造柱墙，当 $b/s \geqslant 1/30$ 时，圈梁可视作壁柱间墙或构造柱间墙的不动铰支点（b 为圈梁宽度）。当不满足上述条件且不允许增加圈梁宽度时，可按墙体平面外等刚度原则增加圈梁高度，此时，圈梁仍可视为壁柱间墙或构造柱间墙的不动铰支点。

（3）厚度不大于240mm的自承重墙，允许高厚比修正系数μ_1，应按表2-52规定采用。

表2-52　厚度不大于240mm的自承重墙，高厚比修正系数μ_1　　　（单位：mm）

墙的厚度	μ_1的取值	说明
240	1.2	（1）上端为自由端墙的允许高厚比，除按前面的提高外，还可提高30%
90	1.5	（2）对厚度小于90mm的墙，当双面采用不低于M10的水泥砂浆抹面，包括抹面层的厚度不小于90mm时。可按墙厚等于90mm验算高厚比
90＜墙厚＜240	按插入法取值	

（4）对有门窗洞口的墙，允许高厚比修正系数，应符合下列要求：

1）允许高厚比修正系数，应按下式计算：

$$\mu_2 = 1 - 0.4\frac{b_s}{s} \tag{2-41}$$

式中　b_s——在宽度s范围内的门窗洞口总宽度；

　　　s——相邻横墙或壁柱之间的距离。

2）当按公式（2-41）计算的μ_2的值小于0.7时，μ_2取0.7；当洞口高度等于或小于墙高的1/5时，μ_2取1.0。

3）当洞口高度大于或等于墙高的4/5时，可按独立墙段验算高厚比。

2.5.2　一般构造要求

（1）预制钢筋混凝土板在混凝土圈梁上的支撑长度不应小于80mm，板端伸出的钢筋应与圈梁可靠连接，且同时浇筑；预制钢筋混凝土板在墙上的支撑长度不应小于100mm，并应按表2-53方法进行连接。

表2-53　在墙上支撑长度不应小于100mm制钢筋混凝土板的连接方法

板 的 位 置	连 接 方 法
预制钢筋混凝土板支撑于内墙	板端钢筋伸出长度不应小于70mm，且与支座沿墙配置的纵筋绑扎，用强度等级不低于C25的混凝土浇筑成板带
预制钢筋混凝土板支撑于外墙	板端钢筋伸出长度不应小于100mm，且与支座处沿墙配置的纵筋绑扎，并用强度等级不应低于C25的混凝土浇筑成板带
预制钢筋混凝土板与现浇板对接	预制板端钢筋应伸入现浇板中进行连接后，再浇筑现浇板

预制钢筋混凝土板在混凝土圈梁上的支承长度不应小于80mm，板端伸出的钢筋应与圈梁可靠连接，且同时浇筑；预制钢筋混凝土板在墙上的支承长度不应小于100mm，并应按下列方法进行连接：

1）板支承于内墙时，板端钢筋伸出长度不应小于70mm，且与支座处沿墙配置的纵筋绑扎，用强度等级不应低于C25的混凝土浇筑成板带。

2）板支承于外墙时，板端钢筋伸出长度不应小于100mm，且与支座处沿墙配置的纵筋绑扎，并用强度等级不低于C25的混凝土浇筑成板带。

3）预制钢筋混凝土板与现浇板对接时，预制板端钢筋应伸入现浇板中进行连接后，再浇筑现浇板。

（2）墙体转角处和纵横墙交接处应沿竖向每隔 400～500mm 设拉结钢筋，其数量为每120mm 墙厚不少于 1 根直径 6mm 的钢筋；或采用焊接钢筋网片，埋入长度从墙的转角或交接处算起，对实心砖墙每边不小于 500mm，对多孔砖墙和砌块墙不小于 700mm。

（3）填充墙、隔墙应分别采取措施与周边主体结构构件可靠连接，连接构造和嵌缝材料应能满足传力、变形、耐久和防护要求。

（4）在砌体中留槽洞及埋设管道时，应遵守下列规定：

1）不应在截面长边小于 500mm 的承重墙体、独立柱内埋设管线。

2）不宜在墙体中穿行暗线或预留、开凿沟槽，当无法避免时应采取必要的措施或按削弱后的截面验算墙体的承载力。

注：对受力较小或未灌孔的砌块砌体，允许在墙体的竖向孔洞中设置管线。

（5）承重的独立砖柱截面尺寸不应小于 240mm × 370mm。毛石墙的厚度不宜小于350mm，毛料石柱较小边长不宜小于 400mm。

注：当有振动荷载时，墙、柱不宜采用毛石砌体。

（6）支承在墙、柱上的吊车梁、屋架及跨度大于或等于下列数值的预制梁的端部，应采用锚固件与墙、柱上的垫块锚固：

1）对砖砌体为 9m。

2）对砌块和料石砌体为 7.2。

（7）跨度大于 6m 的屋架和跨度大于下列数值的梁，应在支承处砌体上设置混凝土或钢筋混凝土垫块；当墙中设有圈梁时，垫块与圈梁宜浇成整体。

1）对砖砌体为 4.8m。

2）对砌块和料石砌体为 4.2m。

3）对毛石砌体为 3.9m。

（8）当梁跨度大于或等于下列数值时，其支承处宜加设壁柱，或采取其他加强措施：

1）对 240mm 厚的砖墙为 6m；对 180mm 厚的砖墙为 4.8m。

2）对砌块、料石墙为 4.8m。

（9）山墙处的壁柱或构造柱宜砌至山墙顶部，且屋面构件应与山墙可靠拉结。

（10）砌块砌体应分皮错缝搭砌，上下皮搭砌长度不应小于 90mm。当搭砌长度不满足上述要求时，应在水平灰缝内设置不小于 2 根直径不小于 4mm 的焊接钢筋网片（横向钢筋的间距不应大于 200mm，网片每段应伸出该垂直缝不小于 300mm）。

（11）砌块墙与后砌隔墙交接处，应沿墙高每 400mm 在水平灰缝内设置不少于 2 根直径不小于 4mm、横筋间距不应大于 200mm 的焊接钢筋网片（图 2-5）。

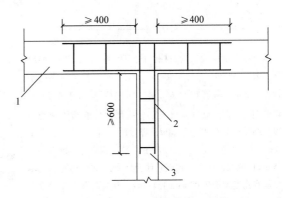

图 2-5　砌块墙与后砌隔墙交接处钢筋网片
1—砌块墙　2—焊接钢筋网片　3—后砌隔墙

（12）混凝土砌块房屋，宜将纵横墙交接处，距墙中心线每边不小于 300mm 范围内的孔洞，采用不低于 C_b20 混凝土沿全墙高灌实。

（13）混凝土砌块墙体的下列部位，如未设圈梁或混凝土垫块，应采用不低于 C_b20 的混凝土将孔洞灌实：

1）隔栅、檩条和钢筋混凝土楼板的支承面下，高度不应小于 200mm 的砌体。

2）屋架、梁等构件的支撑面下，长度不应小于 600mm，高度不应小于 600mm 的砌体。

3）挑梁支撑面下，距墙中心线每边不应小于 300mm，高度不应小于 600mm 的砌体。

2.5.3　框架填充墙

（1）框架填充墙墙体除应满足稳定要求外，尚应考虑水平风荷载及地震作用的影响。地震作用可按现行国家标准《建筑抗震设计规范》GB50011 中非结构构件的规定计算。

（2）在正常使用和正常维护条件下，填充墙的使用年限宜与主体结构相同，结构的安全等级可按二级考虑。

（3）填充墙的构造设计，应符合下列规定：

1）填充墙宜选用轻质块体材料，其强度等级应符合本书第 2.2.1 的规定。

2）填充墙砌筑砂浆的强度等级不宜低于 M5（M_b5、M_s5）。

3）填充墙墙体墙厚不应小于 90mm。

4）用于填充墙的夹心复合砌块，其两肢块体之间应有拉结。

（4）填充墙与框架的连接，可根据设计要求采用脱开或不脱开方法，这时要遵循的规定见表 2-54，有抗震设防要求时宜采用填充墙与框架脱开的方法。

表 2-54　填充墙与框架采用脱开方法或不脱开方法时的规定

填充墙与框架脱开方法应符合的规定	填充墙与框架不脱开方法应符合的规定
填充墙两端与框架柱，填充墙顶面与框架梁之间留出不小于 20mm 的间隙	沿柱高每隔 50mm 配置 2 根直径 6mm 的拉结钢筋 9（墙厚大于 240mm 时配置 3 根直径 6mm），钢筋伸入填充墙长度不宜小于 700mm，且拉结钢筋应错开截断，相距不宜小于 200mm。填充墙墙顶应与框架梁紧密结合。顶面与上部结构接触处宜用一皮砖或配砖斜砌楔紧
填充墙端部应设置构造柱，柱间距宜不大于 20 倍墙厚且不大于 4000mm，柱宽度不小于 100mm。柱竖向钢筋不宜小于 $\phi10$，箍筋宜为 ϕ_5^R，竖向间距不宜大于 400mm。竖向钢筋与框架梁或其挑出部分的预埋件或预留钢筋连接，绑扎接头时不小于 $30d$，焊接时（单面焊）不小于 $10d$（d 为钢筋直径）。柱顶与框架梁（板 0 应预留不小于 15mm 的缝隙，用硅酮胶或其他弹性密封材料封缝。当填充墙有宽度大于 2100mm 的洞口时，洞口两侧应加设宽度不小于 50mm 的单筋混凝土柱	当填充墙有洞口时，宜在窗洞口的上端或下端、门洞口的上端设置钢筋混凝土带，钢筋混凝土带应与过梁的混凝土同时浇筑，其过梁的断面及配筋由设计确定。钢筋混凝土带的混凝土强度等级不小于 C20。当有洞口的填充墙尽端至门窗洞口边距离小于 240mm 时，宜采用钢筋混凝土门窗框

（续）

填充墙与框架脱开方法应符合的规定	填充墙与框架不脱开方法应符合的规定
填充墙两端宜卡入设在梁、板底及柱侧的卡口铁件内，墙侧卡口板的竖向间距不宜大于 500mm，墙顶卡口板的水平间距不宜大于 1500mm	填充墙长度超过 5m 或墙长大于 2 倍层高时，墙顶与梁宜有拉结措施；墙体中部应加设构造柱；墙高度超过 4m 时宜在墙高中部设置与柱连接的水平系梁，墙高超过 6m，宜沿墙高每 2m 设置与柱连接的水平系梁，梁的截面高度不小于 60mm
墙体高度超过 4m 时宜在墙高中部设置与柱连通的水平系梁。水平系梁的截面高度不小于 60mm。填充墙高不宜大于 6m	—
填充墙与框架柱、梁的缝隙可采用聚苯乙烯泡沫塑料半条或聚氨酯发泡材料填充，并用硅酮胶或其他弹性密封材料封缝	—
所有连接用钢筋、金属配件、铁件、预埋件等均应作防腐防锈处理，并应符合本书 2.3.3 节的规定。嵌缝材料应能满足变形和防护要求	—

2.5.4　夹心墙

（1）夹心墙的夹层厚度，不宜大于 120mm。

（2）外叶墙的砖及混凝土砌块的强度等级，不应低于 MU10。

（3）夹心墙的有效面积，应取承重或主叶墙的面积。高厚比验算时，夹心墙的有效厚度，按下式计算：

$$h_l = \sqrt{h_1^2 + h_2^2} \tag{2-42}$$

式中　h_l——夹心复合墙的有效厚度；

h_1、h_2——分别为内、外叶墙的厚度。

（4）夹心墙外叶墙的最大横向支承间距，宜按下列规定采用：

设防烈度为 6 度时不宜大于 9m，7 度时不宜大于 6m，8 度、9 度时不宜大于 3m。

（5）夹心墙的内、外叶墙，应由拉结件可靠拉结，拉结件宜符合下列规定：

1）当采用环形拉结件时，钢筋直径不应小于 4mm，当为 Z 形拉结件时，钢筋直径不应小于 6mm；拉结件应沿竖向梅花形布置，拉结件的水平和竖向最大间距分布不宜大于 800mm 和 600mm；有振动或有抗震设防要求时，其水平和竖向最大间距分别不宜大于 800mm 和 400mm。

2）当采用可调拉结件时，钢筋直径不应小于 4mm，拉结件的水平和竖向最大间距均不宜大于 400mm。叶墙间灰缝的高差不大于 3mm，可调拉结件中孔眼和扣钉间的公差不大于 1.5mm。

3）当采用钢筋网片做拉结件时，网片横向钢筋的直径不应小于 4mm；其间距不应大于 400mm；网片的竖向间距不宜大于 600mm；有振动或有抗震设防要求时，不宜大于 400mm。

4）拉结件的叶墙上的搁置长度，不应小于叶墙厚度的 2/3，并不应小于 60mm。

5）门窗洞口周边 300mm 范围内应附加间距不大于 600mm 的拉结件。

（6）夹心墙拉结件或网片的选择与设置，应符合下列规定：

1）夹心墙宜用不锈钢拉结件。拉结件用钢筋制作或采用钢筋网片时，应先进行防腐处理，并应符合本书 2.3.3 节的有关规定。

2）非抗震设防地区的多层房屋，或风荷载较小地区的高层的夹心墙可采用环形或 Z 形拉结件；风荷载较大地区的高层建筑房屋宜采用焊接钢筋网片。

3）抗震设防地区的砌体房屋（含高层建筑房屋）夹心墙应采用焊接钢筋网作为拉结件。焊接网应沿夹心墙连续通长设置，外叶墙至少有一根纵向钢筋。钢筋网片可计入内叶墙的配筋率，其搭接与锚固长度应符合本书有关的规定。

4）可调节拉结件宜用于多层房屋的夹心墙，其竖向和水平间距均不应大于 400mm。

2.5.5　防止或减轻墙体开裂的主要措施

（1）在正常使用条件下，应在墙体中设置伸缩缝。伸缩缝应设在因温度和收缩变形引起应力集中、砌体产生裂缝可能性最大处。伸缩缝的间距可按表 2-55 采用。

表 2-55　砌体产生伸缩缝的最大间距　　　　　　　　　　　（单位：m）

屋盖或楼盖类别		间　距
整体式或装配整体式钢筋混凝土结构	有保温层或隔热层的屋盖、楼盖	50
	无保温层或隔热层的屋盖	40
装配式无檩体系钢筋混凝土结构	有保温层或隔热层的屋盖、楼盖	60
	无保温层或隔热层的屋盖	50
装配式有檩体系钢筋混凝土结构	有保温层或隔热层的屋盖	75
	无保温层或隔热层的屋盖	60
瓦材屋盖、木屋盖或楼盖、轻钢屋盖		100

注：1. 对烧结普通砖、烧结多孔砖、配筋砌块砌体房屋，取表中数值；对石砌体、蒸压灰砂普通砖、蒸压粉煤灰普通砖、混凝土砌块、混凝土普通砖和混凝土多孔砖房屋，取表中数值乘以 0.8 的系数，当墙体有可靠外保温措施时，其间距可取表中数值。

2. 在钢筋混凝土屋面上挂瓦的屋盖应按钢筋混凝土屋盖采用。

3. 层高大于 5m 的烧结普通砖、烧结多孔砖、配筋砌块砌体结构单层房屋，其伸缩缝间距可按表中数值乘以 1.3。

4. 温差较大且变化频繁地区和严寒地区不采暖的房屋及构筑物墙体的伸缩缝的最大间距，应按表中数值予以适当减小。

5. 墙体的伸缩缝应与结构的其他变形缝相重合，缝宽度应满足变形缝的变形要求；在进行立面处理时，必须保证缝隙的变形作用。

（2）房屋顶层墙体和底层墙体，应根据情况采取表 2-56 的措施。

表 2-56 对房屋顶层和底层墙体应采取的措施

对房屋顶层采取的措施	对房屋底层采取的措施
（1）屋面应设置保温、隔热层 （2）屋面保温（隔热）层或屋面刚性面层及砂浆找平层应设置分隔缝，分隔缝间距不宜大于 6m，其缝宽不小于 30mm，并与女儿墙隔开 （3）采用装配式有檩体系钢筋混凝土屋盖和瓦材屋盖 （4）顶层屋面板下设置现浇钢筋混凝土圈梁，并沿内外墙拉通，房屋两端圈梁下的墙体内宜设置水平钢筋 （5）顶层墙体有门窗等洞口时，在过梁上的水平灰缝内设置 2~3 道焊接钢筋网片或 2 根直径 6mm 钢筋，焊接钢筋网片或钢筋应伸入洞口两端墙内不小于 600mm （6）顶层及女儿墙砂浆强度等级不低于 M7.5（M_b7.5） （7）女儿墙应设置构造柱，构造柱间距不宜大于 4m，构造柱应伸至女儿墙顶并与现浇钢筋混凝土压顶整浇在一起 （8）对顶层墙体施加竖向预应力	（1）增大基础圈梁的刚度 （2）在底层的窗台下墙体灰缝内设置 3 道焊接钢筋网片或 2 根直径 6mm 钢筋，并应伸入两边窗间墙内不小 600mm

（3）在每层门、窗过梁上方的水平灰缝内及窗台下第一和第二道水平灰缝内，宜设置焊接钢筋网片或 2 根直径 6mm 钢筋，焊接钢筋网片或钢筋应伸入两边窗间墙内不小于 600mm。当墙长大于 5m 时，宜在每层墙高度中部设置 2~3 道焊接钢筋网片或 3 根直径 6mm 的通长水平钢筋，竖向间距为 500mm。

（4）房屋两端和底层第一、第二开间门窗洞处，可采取下列措施：

1）在门窗洞口两边墙体的水平灰缝中，设置长度不小于 900mm、竖向间距为 400mm 的 2 根直径 4mm 的焊接钢筋网片。

2）在顶层和底层设置通长钢筋混凝土窗台梁，窗台梁高宜为块材高度的模数，梁内纵筋不少于 4 根，直径不小于 10mm，箍筋直径不小于 6mm，间距不大于 200mm，混凝土强度等级不低于 C20。

3）在混凝土砌块房屋门窗洞口两侧不少于一个空洞中设置直径不小于 12mm 的竖向钢筋，竖向钢筋应在楼层圈梁或基础内锚固，孔洞用不低于 C_b20 混凝土灌实。

（5）填充墙砌体与梁、柱或混凝土墙体结合的界面处（包括内、外墙），宜在粉刷前设置钢丝网片，网片宽度可取 400mm，并沿界面缝两侧各延伸 200mm，或采取其他有效的防裂、盖缝措施。

（6）当房屋刚度较大时，可在窗台下或窗台角处墙体内、在墙体高度或厚度突然变化处设置竖向控制缝。竖向控制缝宽度不宜小于 25mm，缝内填以压缩性能好的填充材料，且外部用密封材料密封，并采用不吸水的、闭孔发泡聚乙烯实心圆棒（背衬）作为密封膏的隔离物（图 2-6）。

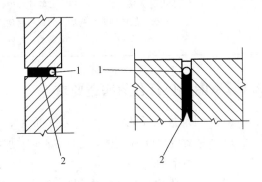

图 2-6 控制缝构造
1—不吸水的、闭孔发泡聚乙烯实心圆棒
2—柔软、可压缩的填充物

（7）夹心复合墙的外叶墙宜在建筑墙体适当部位设置控制缝，其间距宜为 6 ~ 8m。

2.6　圈梁、过梁、墙梁及挑梁

2.6.1　圈梁规范

圈梁规范见表 2-57。

表 2-57　圈梁规范

序　号	分　类	规　范
1	地基不均匀沉降或较大震动荷载的房屋	可根据《砌体结构设计规范（GB50003—2011）》在砌体墙中设置现浇混凝土圈梁
2	厂房、仓库、食堂等空旷单层房屋应按下列规定设置圈梁	（1）砖砌体结构房屋，檐口标高为 5 ~ 8m，应在檐口标高处设置圈梁一道；檐口标高 >8m 时，应增加设置数量
		（2）砌块及料石砌体结构房屋，檐口标高为 4 ~ 5m 时，应在檐口标高处设置圈梁一道；檐口标高大于 5m 时，应增加设置数量
		（3）对有吊车或较大振动设备的单层工业房屋，当未采取有效的隔振措施时，除在檐口或窗顶标高处设置现浇混凝土圈梁外，尚应增加设置数量
3	住宅、办公楼等多层砌体结构民用房屋	（1）层数为 3 ~ 4 时，应在底层和檐口标高处各设置一道圈梁
		（2）层数 >4 时，除应在底层和檐口标高处各设置一道圈梁外，至少应在所有纵、横墙上隔层设置
4	多层砌体工业房屋	应每层设置现浇混凝土圈梁。设置墙梁的多层砌体结构房屋，应在托梁、墙梁顶面和檐口标高处设置现浇钢筋混凝土圈梁
5	建筑在软弱地基或不均匀地基上的砌体结构房屋	除按本节规定设置圆梁外，还应该符合现行国家标准《建筑地基基础设计规范》GB50007 的有关规定
6	采用现浇混凝土楼（房）盖的超过 5 层的砌体结构房屋	除应在檐口标高处设置一道圆梁外，可隔层设置圆梁，并应于楼（屋）面板一起现浇。未设置圆梁的楼面板嵌入墙内的长度不应小于 120mm，并沿墙长配置不少于 2 根直径为 10mm 的纵向钢筋

2.6.2　圈梁应符合的构造要求

（1）圈梁宜连续地设在同一水平面上，并形成封闭状；当圈梁被门窗洞口截断时，应在洞口上部增设相同截面的附加圈梁。附加圈梁与圈梁的搭接长度不应小于垂直间距的 2 倍，且不得小于 1m。

（2）纵、横墙交接处的圈梁应可靠连接。刚弹性和弹性方案房屋，圈梁应与屋架、大梁等构件可靠连接。

（3）混凝土圈梁的宽度宜与墙厚相同，当墙厚不小于 240mm 时，其宽度不宜小于墙厚的 2/3。圈梁高度不应小于 120mm。纵向钢筋数量不应少于 4 根，直径不应小于 10mm，绑扎接头的搭接长度按受拉钢筋考虑，箍筋间距不应大于 300mm。

（4）圈梁兼作过梁时，过梁部分的钢筋应按计算面积另行增配。

2.6.3　过梁

（1）对有较大振动荷载或可能产生不均与沉降的房屋，应采用混凝土过梁。当过梁的跨度不大于 1.5m 时，可采用钢筋砖过梁；大于 1.2m 时，可采用砖砌平拱过梁。

（2）过梁的荷载应符合表 2-58 规定。

表 2-58　过梁的荷载规定

	砖　砌　体		砌　块　砌　体	
梁、板荷载	$h_w < l_n$	$h_w \geqslant l_n$	$h_w < l_n$	$h_w \geqslant l_n$
	应计入梁、板荷载	不考虑	应计入梁、板荷载	不考虑
墙体荷载	$h_w < l_n/3$	$h_w \geqslant l_n/3$	$h_w < l_n/2$	$h_w \geqslant l_n2$
	墙体均布自重	$L_N/3$ 高度墙体均布自重	墙体均布自重	$L_N/2$ 高度墙体均布自重

注：h_w 为墙体高度、墙梁墙体计算截面高度；l_n 为梁的净跨度。

（3）过梁的计算应符合以下规定：

1）砖砌平拱受弯和受剪承载力，可按 2.4.4 第 1 条和 2.4.4 第 2 条规定计算；

2）钢筋砖过梁的受弯承载力可按式（2-43）计算。

$$M \leqslant 0.85h_0f_yA_s \tag{2-43}$$

式中　M——按简支梁计算的跨中弯矩设计值；

　　　h_0——过梁截面的有效高度，$h_0 = h - a_s$；

　　　a_s——受拉钢筋重心至截面下边缘的距离；

　　　h——过梁的截面计算高度，取过梁底面以上的墙体高度，但不大于 $l_n/3$；当考虑梁、板传来的荷载时，则按梁、板下的高度采用；

　　　f_y——钢筋的抗拉强度设计值；

　　　A_s——受拉钢筋的截面面积。

3）混凝土过梁的承载力，应按混凝土受弯构件计算。验算过梁下砌体局部受压承载力时，可不考虑上层荷载的影响；梁端底面压应力图形完整系数可取 1.0，梁端有效支承长度可取实际支承长度，但不应大于墙厚。

（4）砖砌过梁的构造规定

1）砖砌过梁截面计算高度内的砂浆不宜低于 M5（M_b5、M_s）。

2）砖砌平拱用竖砖砌筑部分的高度不应小于 240mm。

3）钢筋砖过梁底面砂浆层处的钢筋，其直径不应小于 5mm，间距不宜大于 120mm，钢筋伸入支座砌体内的长度不宜小于 240mm，砂浆层的高度不宜小于 30mm。

2.6.4　墙梁

墙梁是由托梁及其上计算高度范围内的墙体组成的组合构建。墙梁分为承重与自承重简支墙梁、连续墙梁和框支墙梁。

（1）采用烧结普通砖砌体、混凝土普通砖砌体、混凝土多孔砖砌体和混凝土砌块砌体的墙梁设计应符合表 2-59 的规定。

表 2-59　墙梁的一般规定

墙梁类别	墙体总高度 /m	跨度 /m	墙体高跨比 h_w/l_{0i}	托梁高跨比 h_b/l_{0i}	洞宽比 b_h/l_{0i}	洞高 h_h
承重墙梁	≤18	≤9	≥0.4	≥1/10	≤0.3	≤$5h_w/6$ 且 $h_w-h_h \geqslant 0.4$m
自承重墙梁	≤18	≤12	≥1/3	≥1/15	≤0.8	—

注：1. 墙体总高度指托梁顶面到檐口的高度，带阁楼的坡屋面应算到山墙 1/2 高度处。

　　2. 墙梁计算高度范围内每跨允许设置一个洞口，洞口高度，对窗洞取洞顶至托梁顶面距离。对自承重墙梁，洞口至边支座中心的距离不应小于 $0.1l_{0i}$，l_{0i} 为支座中心线距离。门窗洞上口至墙顶的距离不应小于 0.5m。

　　3. 洞口边缘至支座中心的距离，距边支座不应小于墙梁计算跨度的 0.15 倍，距中支座不应小于墙梁计算跨度的 0.07 倍。托梁支座处上部墙体设置混凝土构造柱、且构造柱边缘至洞口边缘的距离不小于 240mm 时，洞口边至支座中心距离的限值可不受本规定限制。

　　4. 托梁高跨比，对无洞口墙梁不宜大于 1/7，对靠近支座有洞口的墙梁不宜大于 1/6。配筋砌块砌体墙梁的托梁高跨比可适当放宽，但不宜小于 1/14；当墙梁结构中的墙体均为配筋砌块砌体时，墙体总高度可不受本规定限制。

（2）墙梁的计算简图，应按图 2-7 采用。各计算参数应符合表 2-60 规定。

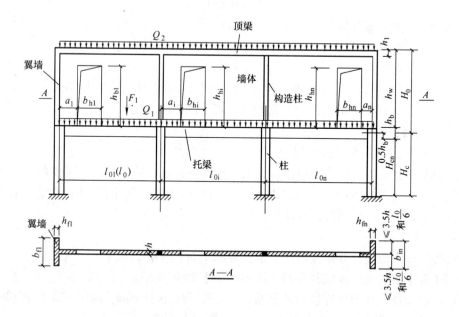

图 2-7　墙梁的计算简图

l_0、l_{0i}—墙梁计算跨度　h_w—墙体计算高度　h—墙体厚度　H_0—墙梁跨中截面计算高度

b_{fl}—翼墙计算宽度　H_c—框架柱计算高度　b_{hi}—洞口宽度　h_{hi}—洞口高度　a_i—洞口边缘至支座中心的距离

Q_1、F_1—承重墙梁的托梁顶面的荷载设计值　Q_2—承重墙梁的墙梁顶面的荷载设计值

表 2-60　墙梁计算参数规定

计算参数	符号含义	参数取值		说　明
H_{cn} l_0 (l_{0i})	墙梁计算跨度	简支墙梁和连接墙梁	框支墙梁	l_n （l_{ni}）——净跨 l_c （l_{ci}）——支座中心线距离
		$\left.\begin{array}{c}1.1l_n\\l_c\end{array}\right\}$ 取小者	l_c	
h_w	墙体计算高度	取托梁顶面上一层墙体高度，当 $h_w > l_0$ 时，取 $h_w = l_0$		l_0——取各跨平均值
H_0	墙梁跨中截面计算高度	$H_0 = h_w + 0.5h_b$		h_b——托梁截面高度
b_f	翼墙计算宽度	取窗间墙宽度或横墙间距的 2/3，且每边 $\leqslant 3.5h$ 和 $l_0/6$		h——墙体厚度
H_c	框架柱计算高度	$H_c = H_{cn} + 0.5h_b$		H_{cn}——框架柱的净高，取基础顶至托梁底面的距离
a_i	洞口边至墙梁最近支座距离	应符合上面墙梁的一般规定且当 $a_i > 0.35l_{0i}$ 时，取 $a_i = 0.35l_{0i}$		—
Q_1、F_1	承重墙梁的托梁顶面的荷载设计值	—		—
Q_2	承重墙梁的墙梁顶面的荷载设计值	—		—

（3）墙梁的计算荷载应按表 2-61 的规定。

表 2-61　墙梁计算荷载

情况	墙体类别	荷载	荷载作用位置	荷载位置
使用阶段	承重墙梁	Q_1, f_1	托梁顶面	1. 托梁自重 2. 本层楼盖的恒荷载和活荷载
		Q_2	墙梁顶面	1. 托梁以上各层墙体自重 2. 沿梁顶面以上各层楼（屋）盖的恒荷载和活荷载 3. 沿作用跨度方向简化为均布荷载的集中荷载
	自承重墙梁	Q_2	墙梁顶面	1. 托梁自重 2. 托梁以上墙体自重
施工阶段		Q_2	托梁顶面	1. 托梁自重及本层楼盖的恒荷载 2. 本层楼盖施工荷载 3. $l_{0max}/3$ 高度范围内墙体自重，开洞时洞顶以下实际墙体自重，l_{0max} 计算跨度最大值

（4）墙梁应分别进行托梁使用阶段正截面承载力和斜截面受剪承载力计算、墙体受剪承载力和托梁支座上部砌体局部受压承载力计算，以及施工阶段托梁承载力验算。自承重墙梁可不验算墙体受剪承载力和砌体局部受压承载力。

（5）墙梁的托梁正截面承载力，应按下列规定计算：

1）托梁跨中截面应按混凝土偏心受拉构件计算，第 i 跨跨中最大弯矩设计值 M_{bi} 及轴心拉力设计值 N_{bti} 可按下列公式计算

$$M_{bi} = M_{1i} + \alpha_M M_{2i} \tag{2-44}$$

$$N_{bti} = \eta_N \frac{M_{2i}}{H_0} \tag{2-45}$$

① 当为简支墙时：

$$\alpha_M = \psi_M \left(1.7 \frac{h_b}{l_0} - 0.03\right) \tag{2-46}$$

$$\psi_M = 4.5 - 10 \frac{a}{l_0} \tag{2-47}$$

$$\eta_N = 0.44 + 2.1 \frac{h_w}{l_0} \tag{2-48}$$

② 当为连续墙梁和框支墙梁时：

$$\alpha_M = \psi_M \left(2.7 \frac{h_b}{l_{0i}} - 0.08\right) \tag{2-49}$$

$$\psi_M = 3.8 - 8.0 \frac{a_i}{l_{0i}} \tag{2-50}$$

$$\eta_N = 0.8 + 2.6 \frac{h_w}{l_{0i}} \tag{2-51}$$

式中　M_{1i}——荷载设计值 Q_1、F_1 作用下的简支跨梁中弯矩或按连续梁、框架分析的托梁第 i 跨跨度中最大弯矩；

　　　M_{2i}——荷载设计值 Q_2 作用下的简支梁跨中弯矩或按连续梁、框架分析的托梁第 i 跨跨度最大弯矩；

　　　α_M——考虑墙梁组合作用的托梁跨中截面弯矩系数，可按式（2-45）或式（2-47）计算，但对自承重简支墙梁应乘以折减系数 0.8；当式（2-46）中 $h_b/l_0 > 1/6$ 时，取 $h_b/l_0 = 1/6$；

　　　　　当式（2-49）中，$h_b/l_{0i} > 1/7$ 时，取 $h_b/l_{0i} = 1/7$；

　　　　　当 $\alpha_M > 1.0$ 时，取 $\alpha_M = 1.0$；

　　　η_N——考虑墙梁组合作用的托梁跨中截面轴力系数，可按式（2-48）或式（2-51）计算，当对自承重简支墙梁应乘以折减系数 0.8；当 $h_w/l_{0i} > 1$ 时，取 $h_w/l_{0i} = 1$；

　　　ψ_M——洞口对托梁跨中截面弯矩的影响系数，对无洞口墙梁取 1.0，对有洞口墙梁可按式（2-47）或式（2-50）计算；

　　　a_i——洞口边缘至墙梁最近支座中心的距离，当 $a_i > 0.35l_{0i}$ 时，取 $a_i = 0.35l_{0i}$。

2）托梁支座截面应按混凝土受弯构件计算，第 j 支座的弯矩设计值 M_{bj} 可按下式计算：

$$M_{bj} = M_{1j} + \alpha_M M_{2j} \tag{2-52}$$

$$\alpha_M = 0.75 - \frac{a_i}{l_{0i}} \tag{2-53}$$

式中　M_{1j}——荷载设计值 Q_1、F_1 作用下按连续梁或框架分析的托梁第 j 支座截面的弯矩设计值；

　　　M_{2j}——荷载设计值 Q_2 作用下按连续梁或框架分析的托梁第 j 支座截面的弯矩设计值；

　　　α_M——考虑墙梁组合作用的托梁支座截面弯矩系数，洞口墙梁取0.4，有洞口墙梁可按式（2-53）计算。

（6）对多跨框支墙梁的框支边柱，当柱的轴向压力增大对承载力不利时，在墙梁荷载设计值 Q_2 作用下的轴向压力值应乘以修正系数1.2。

（7）墙梁的托梁斜截面受剪承载力应按混凝土受弯构件计算，第 j 支座边缘截面的剪力设计值 V_{bj} 可按下式计算：

$$V_{bj} = V_{1j} + \beta_V V_{2j} \tag{2-54}$$

式中　V_{1j}——荷载设计值 Q_1、F_1 作用下按简支梁、连续梁或框架分析的托梁第 j 支座边缘截面剪力设计值；

　　　V_{2j}——荷载设计值 Q_2 作用下按简支梁、连续梁或框架分析的托梁第 j 支座边缘截面剪力设计值；

　　　β_V——考虑墙梁组合作用的托梁剪力系数，见表2-62。

表 2-62　托梁剪力系数 β_V 取值

承重墙梁	无洞口墙梁	边支座	0.6
		中支座	0.7
	有洞口墙梁	边支座	0.7
		中支座	0.8
自承重墙梁	无洞口墙梁		0.45
	有洞口墙梁		0.5

（8）墙梁的墙体受剪承载力，应式（2-55）验算，当墙梁支座处墙体中设置上、下贯通的落地混凝土构造柱，且其截面不小于 $240mm \times 240mm$ 时，可不验算墙梁的墙体受剪承载力。

$$V_2 \leqslant \xi_1 \xi_2 (0.2 + \frac{h_b}{l_{0i}} + \frac{h_t}{l_{0i}}) fh h_w \tag{2-55}$$

式中　V_2——在荷载设计值 Q_2 作用下墙梁支座边缘截面剪力的最大值；

　　　ξ_1——翼墙影响系数，对单层墙梁取1.0，对多层墙梁，当 $b_f/h = 3$ 时取1.3，当 $b_f/h = 7$ 时取1.5，当 $3 < b_f/h < 7$ 时，按线性插入取值；

　　　ξ_2——洞口影响系数，无洞口墙梁取1.0，多层有洞口墙梁取0.9，单层有洞口墙梁取0.6；

h_t——墙梁顶面圈梁截面高度。

（9）托梁支座上部砌体局部受压承载力，应按式（2-56）验算，当墙梁的墙体中设置上、下贯通的落地混凝土构造柱，且其截面不小于 240mm×240mm 时，或当 b_f/h 大于等于 5 时，可不验算托梁支座上部砌体局部受压承载力。

$$Q_2 \leqslant \zeta fh \tag{2-56}$$

$$\zeta = 0.25 + 0.08 \frac{b_f}{h} \tag{2-57}$$

式中　ζ——局压系数。

其他注释同上。

（10）托梁应按混凝土受弯构件进行施工阶段的受弯、受剪承载力验算，作用在托梁上的荷载可按本书 2.6.4 第 3 条的规定采用。

（11）墙梁的构造应符合下列规定：

1）托梁和框支柱的混凝土强度等级不应低于 C30。

2）承重墙梁的块体强度等级不应低于 MU10，计算高度范围内墙体的砂浆强度等级不应低于 M10（M_b10）。

3）框支墙梁的上部砌体房屋，以及设有承重的简支墙梁或连续墙梁的房屋，应满足刚性方案房屋的要求。

4）墙梁的计算高度范围内的墙体厚度，对砖砌体不应小于 240mm，对混凝土砌块砌体不应小于 190mm。

5）墙梁洞口上方应设置混凝土过梁，其支承长度不应小于 240mm；洞口范围内不应施加集中荷载。

6）承重墙梁的支座处应设置落地翼墙，翼墙厚度，对砖砌体不应小于 240mm，对混凝土砌块砌体不应小于 190mm，翼墙宽度不应小于墙梁墙体厚度的 3 倍，并与墙梁墙体同时砌筑。当不能设置翼墙时，应设置落地且上、下贯通的混凝土构造柱。

7）当墙梁墙体在靠近支座 1/3 跨度范围内开洞时，支座处应设置落地且上、下贯通的混凝土构造柱，并应与每层圈梁连接。

8）墙梁计算高度范围内的墙体，每天可砌筑高度不应超过 1.5m，否则，应加设临时支撑。

9）托梁两侧各两个开间的楼盖应采用现浇混凝土楼盖，楼板厚度不应小于 120mm，当楼板厚度大于 150mm 时，应采用双层双向钢筋网，楼板上应少开洞，洞口尺寸大于 800mm 时应设洞口边梁。

10）托梁每跨底部的纵向受力钢筋应通长设置，不应在跨中弯起或截断；钢筋连接应采用机械连接或焊接。

11）托梁跨中截面的纵向受力钢筋总配筋率不应小于 0.6%。

12）托梁上部通长布置的纵向配筋面积与跨中下部纵向钢筋面积之比值不应小于 0.4；连续墙梁或多跨框支墙梁的托梁支座上部附加纵向钢筋从支座边缘算起每边延伸长度不应小于 $l_0/4$。

13）承重墙梁的托梁在砌体墙、柱上的支承长度不应小于 350mm；纵向受力钢筋伸入支座的长度应符合受拉钢筋的锚固要求。

14）当托梁截面高度 h_b 大于等于 450mm 时，应沿梁截面高度设置通长水平腰筋，其直径不应小于 12mm，间距不应大于 200mm。

15）对于洞口偏置的墙梁，其托梁的箍筋加密区范围应延到洞口外，距洞边的距离大于等于托梁截面高度 h_b（图 2-8），箍筋直径不应小于 8mm，间距不应大于 100mm。

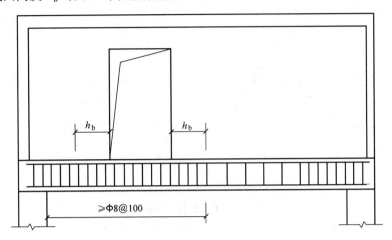

图 2-8　偏开洞时托梁箍筋加密区

2.6.5　挑梁

（1）砌体墙中混凝土挑梁的抗倾覆，应按下式进行验算：

$$M_{ov} \leqslant M_r \tag{2-58}$$

式中　M_{ov}——挑梁的荷载设计值对计算倾覆点产生的倾覆力矩；

　　　　M_r——挑梁的抗倾覆力矩设计值。

（2）挑梁计算倾覆点至墙外边缘的距离可按表 2-63 的规定采用。

表 2-63　挑梁计算倾覆点至墙外边缘距离的规定

挑梁的位置	计 算 方 法	说　　明
当 l_1 不小于 $2.2h_b$ 时	梁计算倾覆点到墙外边缘的距离可按本公式计算，且其结果不应大于 $0.3l_1$。公式为：$x_0 = 0.3h_b$	（1）l_1 为挑梁埋入砌体墙中的长度
当 l_1 小于 $2.2h_b$ 时	梁计算倾覆点到墙外边缘的距离可按下式计算：公式为：$x_0 = 0.13l_1$	（2）h_b 为挑梁的截面高度
当挑梁下有混凝土构造柱或垫梁时	计算倾覆点到墙外边缘的距离可取 $0.5x_0$	（3）x_0 是倾覆点到墙外边缘的距离（mm）

（3）挑梁的抗倾覆力矩设计值，可按下式计算：

$$M_r = 0.8G_r(l_2 - x_0) \tag{2-59}$$

式中　G_r——挑梁的抗倾覆荷载，为挑梁尾端上部 45° 扩展角的阴影范围在（其水平长度为 l_3）内本层的砌体与楼面恒荷载标准之和（图 2-9）当上部楼层无挑梁时，抗倾覆荷载中可计及上部楼层的楼面永久荷载；

　　　　l_2——G_r 作用点至墙外边缘的距离。

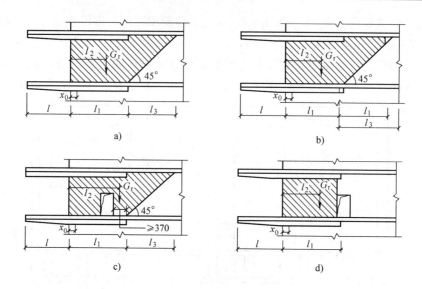

图 2-9 挑梁的抗倾覆荷载

a）$l_3 \leqslant l_1$ 时　b）$l_3 > l_1$ 时　c）洞在 l_1 之内　d）洞在 l_1 之外

（4）挑梁下砌体的局部受压承载力，可按下式验算（图 2-10）：

$$N_l \leqslant \eta \gamma f A_l \tag{2-60}$$

式中　N_l——挑梁下的支承压力，可取 $N_l = 2R$，R 为挑梁的倾覆荷载设计值；

η——梁端底面压应力图形的完整系数，可取 0.7；

γ——砌体局部抗压强度提高系数，对图 2-10a 可取 1.25；对图 2-10b 可取 1.5；

A_l——挑梁下砌体局部受压面积，可取 $A_l = 1.2bh_b$，b 为挑梁的截面宽度，h_b 为挑梁的截面高度。

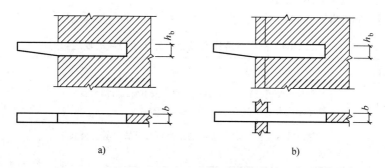

图 2-10 挑梁下砌体局部受压

a）挑梁支承在一字墙上　b）挑梁支承在丁字墙上

（5）挑梁的最大弯矩设计值 M_{max} 与最大剪力设计值 V_{max}，可按下式计算：

$$M_{max} = M_0 \tag{2-61}$$
$$V_{max} = V_0 \tag{2-62}$$

式中　M_0——挑梁的荷载设计值对计算倾覆点截面产生的弯矩；

V_0——挑梁的荷载设计值在挑梁墙外边缘处截面产生的剪力。

（6）挑梁设计除应符合现行国家标准《混凝土结构设计规范》GB50010 的有关规定外，尚应满足下列要求：

1）纵向受力钢筋至少应有 1/2 的钢筋面积伸入梁尾端，且不少于 2 φ 12。其余钢筋伸入支座的长度不应小于 $2l_1/3$。

2）挑梁埋入砌体长度 l_1 与挑出长度 l 之比宜大于 1.2；当挑梁上无砌体时，l_1 与 l 之比宜大于 2。

（7）雨篷等悬挑构件可按 2.6.5 第 1 ~ 3 条进行抗倾覆验算，其抗倾覆荷载 G_r 可按图图 2-11 采用，G_r 距墙外边缘的距离为墙厚的 1/2，l_3 为门窗洞口净跨的 1/2。

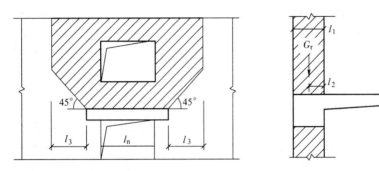

图 2-11　雨篷的抗倾覆荷载

G_r—抗倾覆荷载　l_1—墙厚　l_2—G_r 距墙外边缘的距离

2.7　配筋砖砌体构件

2.7.1　网状配筋砖砌体构件

（1）网状配筋砖砌体受压构件，应符合下列规定：

1）偏心距超过截面核心范围（对于矩形截面即 $e/h > 0.17$），或构件的高厚比 $\beta > 16$ 时，不宜采用网状配筋砖砌体构件。

2）对矩形截面构件，当轴向力偏心方向的截面边长大于另一方向的边长时，除按偏心受压计算外，还应对较小边长方向按轴心受压进行验算。

3）当网状配筋砖砌体构件下端与无筋砌体交接时，尚应验算交接处无筋砌体的局部受压承载力。

（2）网状配筋砖砌体（图 2-12）受压构件的承载力，应按下列公式计算：

$$N \leqslant \varphi_n f_n A \tag{2-63}$$

$$f_n = f + 2\left(1 - \frac{2e}{y}\right)\rho f_y \tag{2-64}$$

$$\rho = \frac{(a + b)A_s}{abs_n} \tag{2-65}$$

式中　N——轴向力设计值；

φ_n——高厚比和配筋率以及轴向力的偏心距对网状配筋砖砌体受压构件承载力的影响系数；

f_n——网状配筋砖砌体的抗压强度设计值；

　　A——截面面积；

　　e——轴向力的偏心距；

　　y——自截面重心至轴向力所在偏心方向截面边缘的距离；

　　ρ——体积配筋率；

　　f_y——钢筋的抗拉强度设计值，当f_y大于320MPa时，仍采用320MPa；

a、b——钢筋网的网格尺寸；

　　A_s——钢筋的截面面积；

　　s_n——钢筋网的竖向间距。

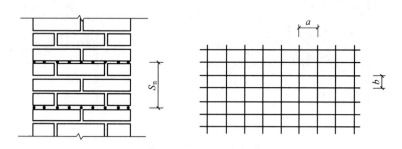

图 2-12　网状配筋砖砌体

（3）网状配筋砖砌体构件的构造应符合下列规定：

1）网状配筋砖砌体中的体积配筋率，不应小于0.1%，并不应大于1%。

2）采用钢筋网时，钢筋的直径宜采用3~4mm。

3）钢筋网中钢筋的间距，不应大于120mm，并不应小于30mm。

4）钢筋网的间距，不应大于五皮砖，并不应大于400mm。

5）网状配筋砖砌体所用的砂浆强度等级不应低于M7.5；钢筋网应设置在砌体的水平灰缝中，灰缝厚度应保证钢筋上下至少各有2mm厚的砂浆层。

2.7.2　组合砖砌体构件

砖砌体和钢筋混凝土面层或钢筋砂浆面层的组合砌体构件，应遵循以下规定：

（1）当轴向力的偏心距超过本书2.4.1第5条规定的限值时，宜采用砖砌体和钢筋混凝土面层或钢筋砂浆面层组成的组合砖砌体构件（图2-13）。

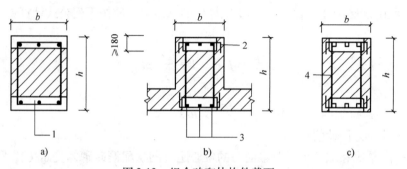

图 2-13　组合砖砌体构件截面

1—混凝土或砂浆　2—拉结钢筋　3—纵向钢筋　4—箍筋

（2）对于砖墙与组合砌体一同砌筑的 T 形截面构件（图 2-13b），其承载力和高厚比可按矩形截面组合砌体构件计算（图 2-13c）。

（3）组合砖砌体轴心受压构件的承载力，应按下式计算：

$$N \leqslant \varphi_{com}(fA + f_c A_c + \eta_s f'_y A'_s) \tag{2-66}$$

式中　φ_{com}——组合砖砌体构件的稳定系数，可按表 2-64 采用；

　　　A——砖砌体的截面面积；

　　　f_c——混凝土或面层水泥砂浆的轴心抗压强度设计值，砂浆的轴心抗压强度设计值可取为同强度等级混凝土的轴心抗压强度设计值的 70%，当砂浆为 M15 时，取 5.0MPa；当砂浆为 M10 时，取 3.4MPa；当砂浆强度为 M7.5 时，取 2.5MPa；

　　　A_c——混凝土或砂浆面层的截面面积；

　　　η_s——受压钢筋的强度系数，当为混凝土面层时，可取 1.0；当为砂浆面层时可取 0.9；

　　　f'_y——钢筋的抗压强度设计值；

　　　A'_s——受压钢筋的截面面积。

表 2-64　组合砖砌体构件的稳定系数 φ_{com}

高厚比 β	配筋率 ρ（%）					
	0	0.2	0.4	0.6	0.8	≥1.0
8	0.91	0.93	0.95	0.97	0.99	1.00
10	0.87	0.90	0.92	0.94	0.96	0.98
12	0.82	0.85	0.88	0.91	0.93	0.95
14	0.77	0.80	0.83	0.86	0.89	0.92
16	0.72	0.75	0.78	0.81	0.84	0.87
18	0.67	0.70	0.73	0.76	0.79	0.81
20	0.62	0.65	0.68	0.71	0.73	0.75
22	0.58	0.61	0.64	0.66	0.68	0.70
24	0.54	0.57	0.59	0.61	0.63	0.65
26	0.50	0.52	0.54	0.56	0.58	0.60
28	0.46	0.48	0.50	0.52	0.54	0.56

注：组合砖砌体构件截面的配筋率 $\rho = A'_s/bh$。

（4）组合砖砌体偏心受压构件的承载力，应按下列公式计算：

$$N \leqslant fA' + f_c A'_c + \eta_s f'_y A'_s - \sigma_s A_s \tag{2-67}$$

或

$$Ne_N \leqslant fS_s + f_c S_{c,s} + \eta_s f'_y A'_s (h_0 - a'_s) \tag{2-68}$$

此时受压区的高度 x 可按下列公式确定：

$$fS_N + f_c S_{c,N} + \eta_s f'_y A'_s e'_N - \sigma_s A_s e_N = 0$$

$$e_N = e + e_a + (h/2 - a_s)$$

$$e'_N = e + e_a - (h/2 - a'_s)$$

$$e_a = \frac{\beta^2 h}{2200}(1 - 0.022\beta) \tag{2-69}$$

式中　A'——砖砌体受压部分的面积；

　　　A'_c——混凝土或砂浆面层受压部分的面积；

　　　σ_s——钢筋 A_s 的应力；

　　　A_s——距轴向力 N 较远侧钢筋的截面面积；

　　　S_s——砖砌体受压部分的面积对钢筋 A_s 重心的面积矩；

　　　$S_{c,s}$——混凝土或砂浆面层受压部分的面积对钢筋 A_s 重心的面积矩；

　　　S_N——砖砌体受压部分的面积对轴向力 N 作用点的面积矩；

　　　$S_{c,N}$——混凝土或砂浆面层受压部分的面积对轴向力 N 作用点的面积矩；

e_N, e'_N——分别为钢筋 A_s 和 A'_s 重心至轴向力 N 作用点的距离（图 2-14）；

　　　e——轴向力的初始偏心距，按荷载设计值计算，当 e 小于 $0.05h$ 时，应取 e 等于 $0.05h$；

　　　e_a——组合砖砌体构件在轴向力作用下的附加偏心距；

　　　h_0——组合砖砌体构件截面的有效高度，取 $h_0 = h - a_s$；

a_s、a'_s——分别为钢筋 A_s 和 A'_s 重心至截面较近边的距离。

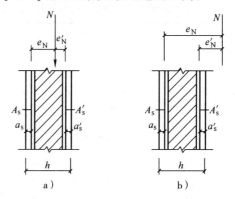

图 2-14　组合砖砌体偏心受压构件

a）小偏心受压　b）大偏心受压

（5）组合砖砌体钢筋 A_s 的应力 σ_s（单位为 MPa，正值为拉应力，负值为压应力）应按下列规定计算：

1）当为小偏心受压，即 $\xi > \xi_b$ 时，

$$\sigma_s = 650 - 800\xi \tag{2-70}$$

2）当为大偏心受压，即 $\xi \leq \xi_b$ 时，

$$\sigma_s = f_y \tag{2-71}$$

$$\xi = x/h_0 \tag{2-72}$$

式中　σ_s——钢筋的应力，当 $\sigma_s > f'_y$ 时，取 $\sigma_s = f_y$；当 $\sigma_s < f'_y$ 时，取 $\sigma_s = f'_y$；

　　　ξ——组合砖砌体构件截面的相对受压区高度；

　　　f_y——钢筋的抗拉强度设计值。

3）组合砖砌体构件受压区相对高度的界限值 ξ_b，对于 HRB400 级钢筋，应取 0.36；对

于 HRB335 级钢筋，应取 0.44；对于 HPB300 级钢筋，应取 0.47。

（6）组合砖砌体构件的构造应符合下列规定：

1）面层混凝土强度等级宜采用 C20。面层水泥砂浆强度等级不宜低于 M10。砌筑砂浆的强度等级不宜低于 M7.5。

2）砂浆面层的厚度，可采用 30～45mm。当面层厚度大于 45mm 时，其面层宜采用混凝土。

3）竖向受力钢筋宜采用 HPB300 级钢筋，对于混凝土面层，亦可采用 HRB335 级钢筋。受压钢筋一侧的配筋率，对砂浆面层，不宜小于 0.1%，对混凝土面层，不宜小于 0.2%。受拉钢筋的配筋率，不应小于 0.1%。竖向受力钢筋的直径，不应小于 8mm，钢筋的净间距，不应小于 30mm。

4）箍筋的直径，不宜小于 4mm 及 0.2 倍的受压钢筋直径，并不宜小于 6mm。箍筋的间距，不应大于 20 倍受压钢筋的直径及 500mm，并不应小于 120mm。

5）当组合砖砌体构件一侧的竖向受力钢筋多于 4 根时，应设置附加箍筋或拉结钢筋。

6）对于截面长短边相差较大的构件如墙体等，应采用穿通墙体的拉结钢筋作为箍筋，同时设置水平分布钢筋。水平分布钢筋的竖向间距及拉结钢筋的水平间距，均不应大于 500mm（图 2-15）。

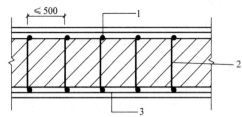

图 2-15　混凝土或砂浆面层组合墙
1—竖向受力钢筋　2—拉结钢筋　3—水平分布钢筋

7）组合砖砌体构件的顶部和底部，以及牛腿部位，必须设置钢筋混凝土垫块。竖向受力钢筋伸入垫块的长度，必须满足锚固要求。

（7）砖砌体和钢筋混凝土构造柱组合墙（图 2-16）的轴心受压承载力，应按下列公式计算：

$$N \leqslant \varphi_{com}\left[fA + \eta(f_c A_c + f'_y A'_s)\right] \tag{2-73}$$

$$\eta = \left[\frac{1}{\dfrac{l}{b_c} - 3}\right]^{\frac{1}{4}} \tag{2-74}$$

式中　φ_{com}——组合砖墙的稳定系数，可按表 2-64 采用；

　　　η——强度系数，当 l/b_c 小于 4 时，取 l/b_c 等于 4；

　　　l——沿墙长方向构造柱的间距；

　　　b_c——沿墙长方向构造柱的宽度；

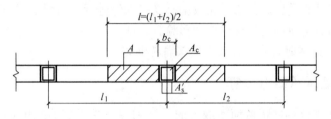

图 2-16　砖砌体和构造柱组合墙截面

A——扣除孔洞和构造柱的砖砌体截面面积；

A_c——构造柱的截面面积。

（8）砖砌体和钢筋混凝土构造柱组合墙，平面外的偏心受压承载力，可按下列规定计算：

1）构件的弯矩或偏心距可按本书2.3.2第5条规定的方法确定。

2）可按本书2.7.2第4条和2.7.2第5条的规定确定构造柱纵向钢筋，但截面宽度应改为构造柱间距 l；大偏心受压时，可不计受压区构造柱混凝土和钢筋的作用，构造柱的计算配筋不应小于2.7.2第9条规定的要求。

（9）组合砖墙的材料和构造应符合下列规定：

1）砂浆的强度等级不应低于 M5，构造柱的混凝土强度等级不宜低于 C20。

2）构造柱的截面尺寸不宜小于 240mm×240mm，其厚度不应小于墙厚，边柱、角柱的截面宽度宜适当加大。柱内竖向受力钢筋，对于中柱，钢筋数量不宜少于4根，直径不宜小于12mm；对于边柱、角柱，钢筋数量不宜少于4根、直径不宜小于14mm。构造柱的竖向受力钢筋的直径也不宜大于16mm。其箍筋，一般部位宜采用直径6mm、间距200mm，楼层上下500mm范围内宜采用直径6mm、间距100mm。构造柱的竖向受力钢筋应在基础梁和楼层圈梁中锚固，并应符合受拉钢筋的锚固要求。

3）组合砖墙砌体结构房屋，应在纵横墙交接处、墙端部和较大洞口的洞边设置构造柱，其间距不宜大于4m。各层洞口宜设置在相应位置，并宜上下对齐。

4）组合砖墙砌体结构房屋应在基础顶面、有组合墙的楼层处设置现浇钢筋混凝土圈梁。圈梁的截面高度不宜小于240mm 纵向钢筋数量不宜少于4根、直径不宜小于12mm，纵向钢筋应伸入构造柱内，并应符合受拉钢筋的锚固要求；圈梁的箍筋直径宜采用6mm、间距200mm。

5）砖砌体与构造柱的连接处应砌成马牙槎，并应沿墙高每隔500mm设2根直径为6mm的拉结钢筋，且每边伸入墙内不宜小于600mm。

6）构造柱可不单独设置基础，但应伸入室外地坪下500mm，或埋深小于500mm的基础梁相连。

7）组合砖墙的施工顺序应为先砌墙后浇混凝土构造柱。

2.8　配筋砌块砌体构件

2.8.1　一般规定

（1）配筋砌块砌体结构的内力与位移，可按弹性方案计算。各构件应根据结构分析所得的内力，分别按轴心受压、偏心受压或偏心受拉构件进行正截面承载力和斜截面承载力计算，并应根据结构分析所得的位移进行变形验算。

（2）配筋砌块砌体剪力墙，宜采用全部灌芯砌体。

2.8.2　正截面受压承载力计算

（1）配筋砌块砌体构件正截面承载力的计算和轴心受压配筋砌块砌体构件，当配有箍筋或水平分布钢筋时，其正截面受压承载力应按表2-65中的公式计算。

表 2-65　配有箍筋或水平分布钢筋的砌块砌体正截面受压承载力的计算

名　称	计算方法	符号说明
配筋砌块砌体构件正截面承载力计算	截面应变分布保持平面	—
	竖向钢筋与其毗邻的砌体、灌孔混凝土的应变相同	—
配筋砌块砌体构件正截面承载力计算	不考虑砌体、灌孔混凝土的抗拉强度	
	根据材料选择砌体、灌孔混凝土的极限压应变：当轴心受压时不应大于 0.002；偏心受压时的极限压应变不应大于 0.003	
	根据材料选择钢筋的极限拉应变，且不应大于 0.01	—
配筋砌块砌体构件正截面承载力计算	纵向受拉钢筋屈服与受压砌体破坏同时发生时的相对界限受压区的高度，应按下式计算：$$\xi_b = \frac{0.8}{1 + \dfrac{f_y}{0.003E_s}}$$	ξ_b——相对界限受压区高度；ξ_b等于界限受压区高度与截面有效高度的比值； f_y——钢筋的抗拉强度设计值； E_s——钢筋的弹性模量
	大偏心受压时受拉钢筋考虑在 $h_0 - 1.5x$ 范围内屈服并参与工作	—
轴心受压配筋砌块砌体构件且配有箍筋或水平分布钢筋正截面受压承载力	轴心受压配筋砌块砌体构件，当配有箍筋或水平分布钢筋时，其正截面受压承载力应按下列公式计算[①]：$$N \leqslant \varphi_{0g}(f_g A + 0.8 f'_y A'_s)$$ $$\varphi_{0g} = \frac{1}{1 + 0.001\beta^2}$$	N——轴向力设计值； f_g——灌孔砌体的抗压强度设计值，应按 2.2.2 的规定采用； f'_y——钢筋的抗压强度设计值； A——构件的截面面积[②]； A'_s——全部竖向钢筋的截面面积； φ_{0g}——轴心受压构件的稳定系数； β——构件的高厚比

①无箍筋或水平分布钢筋时，仍应按本式计算，但应取 $f'_y A'_s = 0$；

②配筋砌块砌体构件的计算高度 H_0 可取层高。

　　（2）配筋砌块砌体构件，当竖向钢筋仅配在中间时，其平面外偏心受压承载力可按本书 2.4.1 的式（2-10）进行计算，但应采用灌孔砌体的抗压强度设计值。

　　（3）矩形截面偏心受压配筋砌块砌体构件正截面承载力计算，应符合下面规定。

　　1）相对界限受压高度的取值见表 2-66。

表 2-66　相对界限受压高度的取值规定

对 HPB300 级钢筋	取 $\xi_b = 0.57$
对 HRB335 级钢筋	取 $\xi_b = 0.55$
对 HRB400 级钢筋	取 $\xi_b = 0.52$
当截面受压区高度 x 小于等于 $\xi_b H_0$ 时	按大偏心受压计算
当 x 大于 $\xi_b H_0$ 时	按小偏心受压计算

2）大偏心受压时应按下列公式计算（图 2-17）：

$$N \leqslant f_g bx + f'_y A'_s - f_y A_s - \sum f_{si} A_{si} \tag{2-75}$$

$$Ne_N \leqslant f_g bx(h_0 - x/2) + f'_y A'_s(h_0 - a'_s) - \sum f_{si} S_{si} \tag{2-76}$$

式中　N——轴向力设计值；

　　　f_g——灌孔砌体的抗压强度设计值；

　f_y、f'_y——竖向受拉、压主筋的强度设计值；

　　　b——截面宽度；

　　　f_{si}——竖向分布钢筋的抗拉强度设计值；

A_s、A'_s——竖向受拉、压主筋的截面面积；

　　　A_{si}——单根竖向分布钢筋的截面面积；

　　　S_{si}——第 i 根竖向分布钢筋对竖向受拉主筋的面积矩；

　　　e_N——轴向力作用点到竖向受拉主筋合力点之间的距离，可按本书 2.7.2 的式（2-69）计算；

　　　a'_s——受压区纵向钢筋合力点至截面受压区边缘的距离，对 T 形、L 形、工形截面，当翼墙受压时取 100mm，其他情况取 300mm；

　　　a_s——受拉区纵向钢筋合力点至截面受拉区边缘的距离，对 T 形、L 形、工形截面，当翼墙受压时取 300mm，其他情况取 100mm。

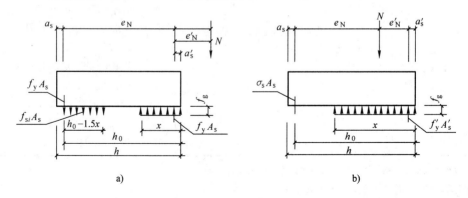

图 2-17　矩形截面偏心受压正截面承载力计算简图

a）大偏心受压　b）小偏心受压

3）当大偏心受压计算的受压区高度 x 小于 $2a'_s$ 时，其正截面承载力可按下式计算：

$$Ne'_N \leqslant f_y A_s(h_0 - a'_s) \tag{2-77}$$

式中　e'_N——轴向力作用点至竖向受压主筋合力点之间的距离，可按本书 2.7.2 的式（2-69）计算。

4）小偏心受压时，应按下列公式计算（计算简图见图 2-18）：

$$N \leqslant f_g bx + f'_y A'_s - \sigma_s A_s \tag{2-78}$$

$$Ne_N \leqslant f_g bx(h_0 - x/2) + f'_y A'_s(h_0 - a'_s) \tag{2-79}$$

$$\sigma_s = \frac{f_y}{\xi_b - 0.8}\left(\frac{x}{h_0} - 0.8\right) \tag{2-80}$$

5）矩形截面对称配筋砌块砌体小偏心受压时，也可近似按下式计算钢筋截面面积：

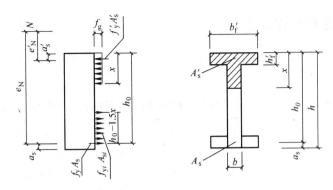

图 2-18　T 形截面偏心受压构件正截面承受力计算简图

$$A_s = A_s' = \frac{Ne_N - \xi(1 - 0.5\xi)f_g bh_0^2}{f_y'(h_0 - a_s')} \tag{2-81}$$

$$\xi = \frac{x}{h_0} = \frac{N - \xi_b f_g bh_0}{\dfrac{Ne_N - 0.43f_g bh_0^2}{(0.8 - \xi_b)(h_0 - a_s')} + f_g bh_0} + \xi_b \tag{2-82}$$

注：小偏心受压计算中未考虑竖向分布钢筋的作用。

（4）T 形、L 形、工形截面偏心受压构件，当翼缘和腹板的相交处采用错缝搭接砌筑和同时设置中距不大于 1.2m 的水平配筋（截面高度大于等于 60mm，钢筋不少于 2φ12）时，可考虑翼缘的共同工作，翼缘的计算宽度应按表 2-67 中的最小值采用，其正截面受压承载力应按下列规定计算：

1）当受压区高度 x 小于等于 h_f' 时，应按宽度为 b_f' 的矩形截面计算。

2）当受压区高度 x 大于 h_f' 时，则应考虑腹板的受压作用，应按下列公式计算：

① 当为大偏心受压时，

$$N \le f_g[bx + (b_f' - b)h_f'] + f_y'A_s' - f_yA_s - \sum f_{si}A_{si} \tag{2-83}$$

$$Ne_N \le f_g[bx(h_0 - x/2) + (b_f' - b)h_f'(h_0 - h_f'/2)] + \\ f_y'A_s'(h_0 - a_s') - \sum f_{si}S_{si} \tag{2-84}$$

② 当为小偏心受压时，

$$N \le f_g[bx + (b_f' - b)h_f'] + f_y'A_s' - \sigma_s A_s \tag{2-85}$$

$$Ne_N \le f_g[bx(h_0 - x/2) + (b_f' - b)h_f'(h_0 - h_f'/2)] + \\ f_y'A_s'(h_0 - a_s') \tag{2-86}$$

式中　b_f'——T 形、L 形、I 形截面受压区的翼缘计算宽度；

　　　h_f'——T 形、L 形、I 形截面受压区的翼缘厚度。

表 2-67　T 形、L 形、I 形截面偏心受压构件翼缘计算宽度 b_f'

考虑情况	T、I 形截面	L 形截面
按构件计算高度 H_0 考虑	$H_0/3$	$H_0/6$
按腹板间距 L 考虑	L	$L/2$
按翼缘厚度 h_f' 考虑	$b + 12h_f'$	$b + 6h_f'$
按翼缘的实际宽度 b_f' 考虑	b_f'	b_f'

2.8.3　斜截面受剪承载力计算

（1）偏心受压和偏心受拉配筋砌块砌体剪力墙，其斜截面受剪承载力应根据表 2-68 情况进行计算。

表 2-68　偏心受压和偏心受拉配筋砌块砌体剪力墙的斜截面受剪承载力计算

剪力墙状态	计算公式	说　明
剪力墙的截面	$V \leqslant 0.25 f_{\mathrm{g}} b h_0$	V——剪力墙的剪力设计值； b——剪力墙截面宽度或 T 形、L 形截面腹板宽度； h_0——剪力墙截面的有效高度
剪力墙在偏心受压时的斜截面	$V \leqslant \dfrac{1}{\lambda - 0.5}\Big(0.6 f_{\mathrm{vg}} b h_0 + 0.12 N \dfrac{A_{\mathrm{w}}}{A} \Big) + 0.9 f_{\mathrm{yh}} \dfrac{A_{\mathrm{sh}}}{s} h_0$ $\lambda = M / V h_0$	λ——计算截面的剪跨比，当 λ 小于 1.5 时取 1.5，当 λ 大于或等于 2.2 时取 2.2； M、N、V——计算截面的弯矩、轴向力和剪力设计值，当 N 大于 $0.25 f_{\mathrm{g}} b h$ 时取 $N = 0.25 f_{\mathrm{g}} b h$； A——剪力墙的截面面积，其中翼缘的有效面积，可按表 2-67 规定确定； A_{w}——T 形或倒 L 形截面腹板的截面面积，对矩形截面取 A_{w} 等于 A； s——水平分布钢筋的竖向间距； f_{yh}——水平钢筋的抗拉强度设计值
剪力墙在偏心受拉时的斜截面	$V \leqslant \dfrac{1}{\lambda - 0.5}\Big(0.6 f_{\mathrm{vg}} b h_0 - 0.22 N \dfrac{A_{\mathrm{w}}}{A} \Big) + 0.9 f_{\mathrm{yh}} \dfrac{A_{\mathrm{sh}}}{s} h_0$	A_{sh}——配置在同一截面内的水平分布钢筋或网片的全部截面面积

（2）配筋砌块砌体剪力墙连梁的斜截面受剪承载力，应符合下列规定：

1）当连梁采用钢筋混凝土时，连梁的承载力应按现行国家标准《混凝土结构设计规范》GB50010 的有关规定进行计算。

2）当连梁采用配筋砌块砌体时，应符合下列规定：

① 连梁的截面，应符合下列规定：

$$V_{\mathrm{b}} \leqslant 0.25 f_{\mathrm{g}} b h_0 \tag{2-87}$$

② 连梁的斜截面受剪承载力应按下列公式计算：

$$V_{\mathrm{b}} \leqslant 0.8 f_{\mathrm{vg}} b h_0 + f_{\mathrm{yv}} \frac{A_{\mathrm{sv}}}{s} h_0 \tag{2-88}$$

式中　V_{b}——连梁的剪力设计值；

　　　b——连梁的截面宽度；

　　　h_0——连梁的截面有效高度；

　　　A_{sv}——配置在同一截面内箍筋各肢的全部截面面积；

　　　f_{yv}——箍筋的抗拉强度设计值；

　　　s——沿构件长度方向箍筋的间距。

注：连梁的正截面受弯承载力应按现行国家标准《混凝土结构设计规范》GB50010 受弯构件的有关规定进行计算，当采用配筋砌块砌体时，应采用其相应的计算参数和指标。

2.8.4　配筋砌块砌体剪力墙构造规定

1. 钢筋

（1）钢筋选择和钢筋设置时应符合表 2-69 的规定。

表 2-69　钢筋选择和钢筋设置规定

情　况	规　定
钢筋选择	钢筋的直径不宜大于 25mm，当设置在灰缝中时不应小于 4mm，在其他部位不应小于 10mm
钢筋选择	配置在孔洞或空腔中的钢筋面积不应大于孔洞或空腔面积的 6%
钢筋设置	（1）设置在灰缝中钢筋的直径不宜大于灰缝厚度的 1/2 （2）两平行的水平钢筋间的净距不应小于 50mm （3）柱和壁柱中的竖向钢筋的净距不宜小于 40mm（包括接头处钢筋间的净距）

（2）钢筋在灌孔混凝土中的锚固，应符合下列规定：

1）当计算中充分利用竖向受拉钢筋强度时，其锚固长度 l_a，对 HRB335 级钢筋不应小于 $30d$；对 HRB400 和 RRB400 级钢筋不应小于 $35d$；在任何情况下钢筋（包括钢筋网片）锚固长度不应小于 300mm。

2）竖向受拉钢筋不应在受拉区截断。如必须截断时，应延伸至按正截面受弯承载力计算不需要该钢筋的截面以外，延伸的长度不应小于 $20d$。

3）竖向受压钢筋在跨中截断时，必须伸至按计算不需要该钢筋的截面以外，延伸的长度不应小于 $20d$；对绑扎骨架中末端无弯钩的钢筋，不应小于 $25d$。

4）钢筋骨架中的受力光圆钢筋，应在钢筋末端做弯钩，在焊接骨架、焊接网以及轴心受压构件中，不做弯钩；绑扎骨架中的受力带肋钢筋，在钢筋的末端不做弯钩。

（3）钢筋的直径大于 22mm 时宜采用机械连接接头，接头的质量应符合国家现行有关标准的规定；其他直径的钢筋可采用搭接接头，并应符合下列规定：

1）钢筋的接头位置宜设置在受力较小处。

2）受拉钢筋的搭接头长度不应小于 $1.1l_a$，受压钢筋的搭接接头长度不应小于 $0.7l_a$，且不应小于 300mm。

3）当相邻接头钢筋的间距不大于 75mm 时，其搭接长度应为 $1.2l_a$。当钢筋间的接头错开 $20d$ 时，搭接长度可不增加。

（4）水平受力钢筋（网片）的锚固和搭接长度应符合下列规定：

1）在凹槽砌块混凝土带中钢筋的锚固长度不宜小于 $30d$，且其水平或垂直弯折段的长度不宜小于 $15d$ 和 200mm；钢筋的搭接长度不宜小于 $35d$。

2）在砌体水平灰缝中，钢筋的锚固长度不宜小于 $50d$，且其水平或垂直弯折段的长度不宜小于 $20d$ 和 250mm；钢筋的搭接长度不宜小于 $55d$。

3）在隔皮或错缝搭接的灰缝中为 $55d + 2h$，d 为灰缝受力钢筋的直径，h 为水平灰缝的间距。

2. 配筋砌块砌体剪力墙、连梁

（1）配筋砌块砌体剪力墙、连梁的砌体材料强度等级应符合表 2-70 规定。

表 2-70　配筋砌块砌体剪力墙、连梁的砌体材料强度等级规定

材　　料	等　　级
砌块	不应低于 MU10
砌筑砂浆	不应低于 $M_b7.5$
灌孔混凝土不应低于	不应低于 C_b20

注：对安全等级为一级或设计使用年限大于 50a 的配筋砌块砌体房屋，所用材料的最低强度等级应至少提高一级。

（2）配筋砌块砌体剪力墙厚度、连梁截面宽度不应小于 190mm。

（3）配筋砌块砌体剪力墙的构造配筋应符合下列规定：

1）应在墙的转角、端部和洞孔的两侧配置竖向连续的钢筋，钢筋直径不应小于 12mm。

2）应在洞口的底部和顶部设置不小于 2φ10 的水平钢筋，其伸入墙内的长度不应小于 $40d$ 和 600mm。

3）应在楼（屋）盖的所有纵横墙处设置现浇钢筋混凝土圈梁，圈梁的宽度和高度应等于墙厚和块高，圈梁主筋不应少于 4φ10，圈梁的混凝土强度等级不应低于同层混凝土块体强度等级的 2 倍，或该层灌孔混凝土的强度等级，也不应低于 C20。

4）剪力墙其他部位的竖向和水平钢筋的间距不应大于墙长、墙高的 1/3，也不应大于 900mm。

5）剪力墙沿竖向和水平方向的构造钢筋配筋率均不应小于 0.07%。

（4）按壁式框架设计的配筋砌块砌体窗间墙除应符合上述规定外，还应符合表 2-71 的规定。

表 2-71　壁式框架设计的配筋砌块砌体窗间墙的规定

窗间墙内的位置	规　　定
窗间墙截面	（1）墙宽不应小于 800mm （2）墙净高与墙宽之比不宜大于 5
窗间墙中的竖向钢筋	（1）每片窗间墙中沿全高不应少于 4 根钢筋 （2）沿墙的全截面应配置足够的抗弯钢筋 （3）窗间墙的竖向钢筋的配筋率不宜小于 0.2%，也不宜大于 0.8%
窗间墙中的水平分布钢筋	（1）水平分布钢筋应在墙端部纵筋处向下弯折射 90°，弯折段长度不小于 $15d$，和 150mm （2）水平分布钢筋的间距：在距梁边 1 倍墙宽范围内不应大于 1/4 墙宽，其余部位不应大于 1/2 墙宽 （3）水平分布钢筋的配筋率不宜小于 0.15%

（5）配筋砌块砌体剪力墙，应按照表 2-72 情况设置边缘构件。

表 2-72　配筋砌块砌体剪力墙边缘构件的设置规定

情　况	规　定
利用剪力墙端部的砌体受力	（1）应在一字墙的端部至少 3 倍墙厚范围内的孔中设置不小于φ12 通长竖向钢筋 （2）应在 L、T 或十字形墙交接处 3 或 4 个孔中设置小于φ12 通长竖向钢筋 （3）当剪力墙的轴压比大于 0.6f_g 时，除上述规定设置竖向钢筋外，尚应设置间距不大于 200mm、直径不小于 6mm 的箍筋
在剪力墙墙端设置混凝土柱作为边缘构件	（1）柱的截面宽度不小于墙厚，柱的截面高度宜为 1～2 倍的墙厚，并不应小于 200mm （2）柱的混凝土强度等级不宜低于该墙体块体强度等级的 2 倍，或不低于该墙体灌孔混凝土的强度等级，也不应低于 C_b20 （3）柱的竖向钢筋不宜小于 4φ12，箍筋不宜小于φ6、间距不宜小于 200mm （4）墙体中的水平钢筋应在柱中锚固，并应满足钢筋的锚固要求 （5）柱的施工顺序宜为先砌砌块墙体，后浇捣混凝土

（6）配筋砌块砌体剪力墙中，当连梁采用钢筋混凝土时，连梁混凝土的强度等级不宜低于同层墙体块体强度等级的 2 倍，或同层墙体灌孔混凝土的强度等级，也不低于 C20；其他构造尚应符合现行国家标准《混凝土结构设计规范》GB50010 的有关规定。

（7）配筋砌块砌体剪力墙中当连梁采用配筋砌块砌体时，连梁应符合表 2-73 规定。

表 2-73　配筋砌块砌体剪力墙中采用配筋砌块砌体连梁的规定

连梁的部位	规　定
连梁的截面	（1）连梁的高度不应小于两皮砌块的高度和 400mm （2）连梁应采用 H 形砌块或凹槽砌块组砌，孔洞应全部浇灌混凝土
连梁的水平钢筋	（1）连梁上、下水平受力钢筋宜对称、通长设置，在灌孔砌体内的锚固长度不宜小于 40d 和 600mm （2）连梁水平受力钢筋的含钢率不宜小于 0.2%，也不宜大于 0.8%
连梁的箍筋	（1）箍筋的直径不应小于 6mm （2）箍筋的间距不宜大于 1/2 梁高和 600mm （3）在距支座等于梁高范围内的箍筋间距不应大于 1/4 梁高，距支座表面第一根箍筋的间距不应大于 100mm （4）箍筋的面积配筋率不宜小于 0.15% （5）箍筋宜为封闭式，双肢箍末端弯钩为 135°；单肢箍末端的弯钩为 180°，或弯 90°加 12 倍箍筋直径的延长段

3. 配筋砌块砌体柱

配筋砌块砌体柱（图 2-19）除应符合本书 2.8.4 第 2 条（1）的要求外，尚应符合下列规定：

（1）柱截面边长不宜小于 400mm，柱高度与截面短边之比不宜大于 30。

（2）柱的竖向受力钢筋的直径不宜小于 12mm，数量不应少于 4 根，全部竖向受力钢筋的配筋率不宜小于 0.2%。

（3）柱中箍筋的设置应根据下列情况确定：

1）当纵向钢筋的配筋率大于0.25%，且柱承受的轴向力大于受压承载力设计值的25%时，柱应设箍筋；当配筋率小于等于0.25%时，或柱承受的轴向力小于受压承载力设计值的25%时，柱中可不设置箍筋。

2）箍筋直径不宜小于6mm。

3）箍筋的间距不应大于16倍的纵向钢筋直径、48倍箍筋直径及柱截面短边尺寸中较小者。

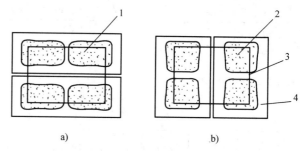

图 2-19　配筋砌块砌体柱截面示意
a）下皮　b）上皮
1—灌孔混凝土　2—钢筋　3—箍筋　4—砌块

4）箍筋应封闭，端部应弯钩或绕纵筋水平弯折90°，弯折段长度不小于10d。

5）箍筋应设置在灰缝或灌孔混凝土中。

2.9　砌体结构构件抗震设计

2.9.1　一般规定

（1）抗震设防地区的普通砖（包括烧结普通砖、蒸压灰砂普通砖、蒸压粉煤灰普通砖、混凝土普通砖）、多孔砖（包括烧结多孔砖、混凝土多孔砖）和混凝土砌块等砌体承重的多层房屋，底层或底部两层框架-抗震墙砌体房屋，配筋砌块砌体抗震墙房屋，除应符合本书1.1到2.8节的要求外，尚应按本章规定进行抗震设计，同时尚应符合现行国家标准《建筑抗震设计规范》GB50011、《墙体材料应用统一技术规范》GB50574的有关规定。甲类设防建筑不宜采用砌体结构，当需采用时，应进行专门研究并采取高于本章规定的抗震措施。

注：本节中"配筋砌块砌体抗震墙"指全部灌芯配筋砌块砌体。

（2）本节适用的多层砌体结构房屋的总层数和总高度，应符合下列规定：

1）房屋的层数和总高度不应超过表2-74的规定。

表 2-74　多层砌体房屋的层数和总高度限值

房层类别		最小墙厚度/mm	设防烈度和设计基本地震加速度										
			6		7				8				9	
			0.05g		0.10g		0.15g		0.20g		0.30g		0.40g	
			高度/m	层数	高度/m	层数	高度/m	层数	高度/m	层数	高度/m	层数	高度/m	层数
多层砌体房层	普通砖	240	21	7	21	7	21	7	18	6	15	5	12	4
	多孔砖	240	21	7	21	7	18	6	18	6	15	5	9	3
	多孔砖	190	21	7	18	6	15	5	15	5	12	4	—	—
	混凝土砌块	190	21	7	21	7	18	6	18	6	15	5	9	3

（续）

房层类别		最小墙厚度/mm	设防烈度和设计基本地震加速度											
			6		7				8				9	
			0.05g		0.10g		0.15g		0.20g		0.30g		0.40g	
			高度/m	层数	高度/m	层数	高度/m	层数	高度/m	层数	高度/m	层数	高度/m	层数
底部框架-抗震墙砌体房层	普通砖多孔砖	240	22	7	22	7	19	6	16	5	—	—	—	—
	多孔砖	190	22	7	19	6	16	5	13	4	—	—	—	—
	混凝土砌块	190	22	7	22	7	19	6	16	5	—	—	—	—

注：1. 房屋的总高度指室外地面到主要屋面板顶或檐口的高度，半地下室从地下室室内地面算起，全地下室和嵌固条件好的半地下室应允许从室外地面算起；对带阁楼的坡屋面应算到山墙的1/2高度处。

2. 室内外高差大于0.6m时，房屋总高度应允许比表中的数据适当增加，但增加量应少于1.0m。

3. 乙类的多层砌体房屋仍按本地区设防烈度查表，其层数应减少一层且总高度应降低3m；不应采用底部框架-抗震墙砌体房屋。

2）各层横墙较少的多层砌体房屋，总高度应比表2-74中的规定降低3m，层数相应减少一层；各层横墙很少的多层砌体房屋，还应再减少一层。

注：横墙较少是指同一楼层内开间大于4.2m的房间占该层总面积的40%以上；其中，开间不大于4.2m的房间占该层总面积不到20%且开间大于4.8m的房间占该层面积的50%以上为横墙很少。

3）抗震设防烈度为6度、7度时，横墙较少的丙类多层砌体房屋，当按现行国家标准《建筑抗震设计规范》GB50011规定采取加强措施并满足抗震承载力要求时，其高度和层数应允许仍按表2-73中的规定采用。

4）采用蒸压灰砂普通砖和蒸压粉煤灰普通砖的砌体房屋，当砌体的抗剪强度仅达到普通黏土砖砌体的70%时，房屋的层数应比普通砖房屋减少一层，总高度应减少3m；当砌体的抗剪强度达到普通黏土砖砌体的取值时，房屋层数和总高度的要求同普通砖房屋。

（3）本章适用的配筋砌块砌体抗震墙结构和部分框支抗震墙结构房屋最大高度应符合表2-75的规定。

表 2-75　配筋砌块砌体抗震墙房屋适用的最大高度　（单位：m）

结构类型最小墙厚/mm		设防烈度和设计基本地震加速度					
		6 度	7 度		8 度		9 度
		0.05g	0.10g	0.15g	0.20g	0.30g	0.40g
配筋砌块砌体抗震墙	190mm	60	55	45	40	30	24
部分框支抗震墙		55	49	40	31	24	—

注：1. 房屋高度指室外地面到主要屋面板板顶的高度（不包括局部突出屋顶部分）；

2. 某层或几层开间大于6.0m以上的房间建筑面积占相应层建筑面积40%以上时，表中数据相应减少6m。

3. 部分框支抗震墙结构指首层或底部两层为框支层的结构，不包括仅个别框支墙的情况。

4. 房屋的高度超过表内高度时，应根据专门研究，采取有效的加强措施。

（4）砌体结构房屋的层高，应符合表 2-76 的规定。

表 2-76　砌体结构房屋的层高规定

房屋的层高	规　定	说　明
多层砌体结构房屋的层高	（1）多层砌体结构房屋的层高，不应超过 3.6m。 （2）底部框架-抗震墙砌体房屋的底部，层高不应超过 4.5m；当底层采用约束砌体抗震墙时，底层的层高不应超过 4.2m	当适用功能确有需要时，采用约束砌体等加强措施的普通砖房屋，层高不应超过 3.9m
配筋混凝土空心砌块抗震墙房屋的层高	（1）底部加强部位（不小于房屋高度的 1/6 且不小于底部二层的高度范围）的层高（房屋总高度小于 21m 时取一层），一、二级不宜大于 3.2m，三、四级不应大于 3.9m （2）其他部位的层高，一、二级不应大于 3.9m，三、四级不应大于 4.8m	—

（5）考虑地震作用组合的砌体结构构件，其截面承载力应除以承载力抗震调整系数 γ_{RE}，承载力抗震调整系数应按表 2-77 采用。当仅计算竖向地震作用时，各类结构构件承载力抗震调整系数均应采用 1.0。

表 2-77　承载力抗震调整系数

结构构件类别	受力状态	γ_{RE}
两端均设有构造柱、芯柱的砌体抗震墙	受剪	0.9
组合砖墙	偏压、大偏拉和受剪	0.9
配筋砌块砌体抗震墙	偏压、大偏拉和受剪	0.85
自承重墙	受剪	1.0
其他砌体	受剪和受压	1.0

（6）配筋砌块砌体抗震墙结构房屋抗震设计时，结构抗震等级应根据设防烈度和房屋高度按表 2-78 采用。

表 2-78　配筋砌块砌体抗震墙结构房屋的抗震等级

结构类型		设防烈度						
		6		7		8		9
		≤24	>24	≤24	>24	≤24	>24	≤24
配筋砌块砌体抗震墙	高度/m	≤24	>24	≤24	>24	≤24	>24	≤24
	抗震墙	四	三	三	二	二	一	一
部分框支抗震墙	非底部加强部位抗震墙	四	三	三	二	二	不应采用	
	底部加强部位抗振墙	三	二	二	一	一		
	框支框架	二		二		一		

注：1. 对于四级抗震等级，除本章有规定外，均按非抗震设计采用。

2. 接近或等于高度分界时，可结合房屋不规则程度及场地、地基条件确定抗震等级。

（7）结构抗震设计时，地震作用应按现行国家标准《建筑抗震设计规范》GB50011 的规定计算。结构的截面抗震验算，应符合下列规定：

1）抗震设防烈度为 6 度时，规则的砌体结构房屋构件，应允许不进行抗震验算，但应符合现行国家标准《建筑抗震设计规范》GB50011 和本章规定的抗震措施。

2）抗震设防烈度为 7 度和 7 度以上的建筑结构，应进行多遇地震作用下的截面抗震验算。6 度时，下列多层砌体结构房屋的构件，应进行多遇地震作用下的截面抗震验算。

① 平面不规则的建筑。

② 总层数超过三层的底部框架-抗震墙砌体房屋。

③ 外廊式和单面走廊式底部框架-抗震墙砌体房屋。

④ 托梁等转换构件。

（8）配筋砌块砌体抗震墙结构应进行多遇地震作用下的抗震变形验算，其楼层内最大的层间弹性位移角不宜超过 1/1000。

（9）底部框架-抗震墙砌体房屋的钢筋混凝土结构部分，除应符合本章规定外，尚应符合现行国家标准《建筑抗震设计规范》GB50011—2010 第 6 章的有关要求；此时，底部钢筋混凝土框架的抗震等级，6、7、8 度时应分别按三、二、一级采用；底部钢筋混凝土抗震墙和配筋砌块砌体抗震墙的抗震等级，6、7、8 度时应分别按三、三、二级采用。多层砌体房屋局部有上部砌体墙不能连续贯通落地时，托梁、柱的抗震等级，6、7、8 度时应分别按三、三、二级采用。

（10）配筋砌块砌体短肢抗震墙及一般抗震墙设置，应符合下列规定：

1）抗震墙宜沿主轴方向双向布置，各向结构刚度、承载力宜均匀分布。高层建筑不宜采用全部为短肢抗震墙与一般抗震墙共同抵抗水平地震作用的抗震墙结构。9 度时不宜采用短肢墙。

2）纵横方向的抗震墙宜拉通对齐；较长的抗震墙可采用楼板或弱连梁分为若干个独立的墙段，每个独立墙段的总高度与长度之比不宜小于 2，墙肢的截面高度也不宜大于 8m。

3）抗震墙的门窗洞口宜上下对齐，成列布置。

4）一般抗震墙承受的第一振型底部地震倾覆力矩不应小于结构总倾覆力矩的 50%，且两个主轴方向，短肢抗震墙截面面积与同一层所有抗震墙截面面积比例不宜大于 20%。

5）短肢抗震墙宜设翼缘。一字形短肢墙平面外不宜布置与之单侧相交的楼面梁。

6）短肢墙的抗震等级应比表 2-77 的规定提高一级采用；已为一级时，配筋应按 9 度的要求提高。

7）配筋砌块砌体抗震墙的墙肢截面高度不宜小于墙肢截面宽度的 5 倍。

注：短肢抗震墙是指墙肢截面高度与宽度之比为 5 ~ 8 的抗震墙，一般抗震墙是指墙肢截面高度与宽度之比大于 8 的抗震墙。L 形、T 形， ＋ 形等多肢墙截面的长短肢性质应由较长一肢确定。

（11）部分框支配筋砌块砌体抗震墙房屋的结构布置，应符合下列规定：

1）上部的配筋砌块砌体抗震墙与框支层落地抗震墙或框架应对齐或基本对齐。

2）框支架应沿纵横两方向设置一定数量的抗震墙，并均匀布置或基本均匀布置。框支层抗震墙可采用配筋砌块砌体抗震墙或钢筋混凝土抗震墙，但在同一层内不应混用。

3）矩形平面的部分框支配筋砌块砌体抗震墙房屋结构的楼层侧向刚度比和底层框架部

分承担的地震倾覆力矩，应符合现行国家标准《建筑抗震设计规范》GB50011—2010 第 6.1.9 条的有关要求。

（12）结构材料性能指标应符合表 2-79 的规定。

表 2-79　结构材料性能指标规定

<table>
<tr><td colspan="2" align="center">材　　料</td><td align="center">等 级 规 定</td></tr>
<tr><td rowspan="4">砌体材料</td><td>普通砖和多孔砖</td><td>强度等级不应低于 MU10，其砌筑砂浆强度等级不应低于 M5</td></tr>
<tr><td>蒸压灰砂普通砖、蒸压粉煤灰普通砖及混凝土砖</td><td>强度等级不应低于 MU15，其砌筑砂浆强度等级不应低于 M_s5（M_b5）</td></tr>
<tr><td>混凝土砌块</td><td>强度等级不应低于 MU7.5，其砌筑砂浆强度等级不应低于 $M_b7.5$</td></tr>
<tr><td>约束砖砌体</td><td>其砌筑砂浆强度等级不应低于 M10 或 M_b10</td></tr>
<tr><td>砌体材料</td><td>配筋砌块砌体抗震墙</td><td>其混凝土空心砖砌块的强度等级不应低于 MU10，其砌块砂浆强度等级不应低于 M_b10</td></tr>
<tr><td rowspan="2">混凝土材料</td><td colspan="2">托梁，底部框架-抗震墙砌体房屋中的框架梁、框架柱、节点核芯区、混凝土墙和过渡层底板，部分框支配筋砌块砌体抗震墙结构中的框支梁和框支柱等转换构件、节点核芯区、落地混凝土墙和转换层楼板，其混凝土的强度等级不应低于 C30</td></tr>
<tr><td colspan="2">构造柱、圈梁、水平现浇钢筋混凝土带及其他各类构件不应低于 C20，砌块砌体芯柱和配筋砌块砌体抗震墙的灌孔混凝土强度等级不应低于 C_b20</td></tr>
<tr><td rowspan="2">钢筋材料</td><td colspan="2">钢筋宜选用 HRB400 级钢筋和 HRB335 级钢筋，也可采用 HPB300 级钢筋</td></tr>
<tr><td colspan="2">托梁、框架梁、框架柱等混凝土构件和落地混凝土墙，其普通受力钢筋宜优先选用 HRB400 钢筋</td></tr>
</table>

（13）考虑地震作用组合的配筋砌体结构构件，其配置的受力钢筋的锚固和接头，除应符合本书 2.8 章的要求外，尚应符合下列规定：

1）纵向受拉钢筋的最小锚固长度 l_{ae}，抗震等级为一、二级时，l_{ae} 取 $1.15l_a$，抗震等级为三级时，l_{ae} 取 $1.05l_a$，抗震等级为四级时，l_{ae} 取 1.0，l_a，l_a 为受拉钢筋的锚固长度，按本书 2.8.4 中第 1 点第 2 条的规定确定。

2）钢筋搭接接头，对一、二级抗震等级不小于 $1.2l_a+5d$；对三、四级不小于 $1.2l_a$。

3）配筋砌块砌体剪力墙的水平分布钢筋沿墙长应连续设置，两端的锚固应符合下列规定：

① 一、二级抗震等级剪力墙，水平分布钢筋可绕主筋弯 180° 弯钩，弯钩端部直段长度不宜小于 $12d$；水平分布钢筋亦可弯入端部灌孔混凝土中，锚固长度不应小于 $30d$，且不应小于 250mm。

② 三、四级剪力墙，水平分布钢筋可弯入端部灌孔混凝土中，锚固长度不应小于 $20d$，且不应小于 200mm。

③ 当采用焊接网片作为剪力墙水平钢筋时，应在钢筋网片的折弯端部加焊两根直径与抗剪钢筋相同的横向钢筋，弯入灌孔混凝土的长度不应小于 150mm。

（14）砌体结构构件进行抗震设计时，房屋的结构体系、高宽比、抗震横墙的间距、局部尺寸的限值、防震缝的设置及结构构造措施等，除满足本章规定外，尚应符合现行国家标准《建筑抗震设计规范》GB50011 的有关规定。

2.9.2　砖砌体构件

1. 承载力计算

（1）普通砖、多孔砖砌体沿阶梯形截面破坏的抗震抗剪强度的设计值和普通砖、多孔砖墙体的截面抗震受剪承载力的公式验算见表 2-80。

表 2-80　普通砖、多孔砖砌体沿阶梯形截面破坏的抗震抗剪强度设计值和截面抗震受剪承载力验算

截　面	公　式	参　数　说　明
普通砖、多孔砖砌体沿阶梯形截面破坏的抗剪强度	$f_{vE} = \zeta_N f_v$	f_{vE}——砌体沿阶梯形截面破坏的抗震抗剪强度设计值 f_v——非抗震设计的砌体抗剪强度设计值 ζ_N——砖砌体抗震抗剪强度的正应力影响系数，应按表 2-81 采用
普通砖、多孔砖墙体的截面抗震受剪承载力	一般情况下，应按下式验算： $V \leqslant f_{vE} A / \gamma_{RE}$	V——考虑地震作用组合的墙体剪力设计值 f_{vE}——砖砌体沿阶梯形截面破坏的抗震抗剪强度设计值 A——墙体横截面面积 γ_{RE}——承载力抗震调整系数，应按表 2-78 采用
	采用水平配筋的墙体，应按下式验算： $V \leqslant \dfrac{1}{\gamma_{RE}}(f_{vE} A + \zeta_s f_{yb} A_{sh})$	ζ_s——钢筋参与工作系数，可按表 2-82 采用 f_{yb}——墙体水平纵向钢筋的抗拉强度设计值 A_{sh}——层间墙体竖向截面的总水平纵向钢筋面积，其配筋率不应小于 0.07% 且不大于 0.17%
普通砖、多孔砖墙体的截面抗震受剪承载力	墙段中部基本均匀的设置构造柱，且构造柱的截面不小于 240mm × 240mm（当墙厚 190mm 时，亦可采用 240mm × 190mm），构造柱间距不大于 4m 时，可计入墙段中部构造柱对墙体受剪承载力的提高作用，并按下式进行验算： $V \leqslant \dfrac{1}{\gamma_{RE}} \big[\eta_c f_{vE}(A - A_c) + \zeta_c f_t A_c + 0.08 f_{yc} A_{sc} + \zeta_s f_{yh} A_{sh} \big]$	A_c——中部构造柱的横截面面积（对横墙和内纵墙，$A_c > 0.15A$ 时，取 $0.15A$；对外纵墙，$A_c > 0.25A$ 时，取 $0.25A$） f_t——中部构造柱的混凝土轴心抗拉强度设计值 A_{sc}——中部构造柱的纵向钢筋截面总面积，配筋率不应小于 0.6%，大于 1.4% 时取 1.4% f_{yh}、f_{yc}——分别为墙体水平钢筋、构造柱纵向钢筋的抗拉强度设计值 ζ_c——中部构造柱参与工作系数，局长设一根时取 0.5，多于一根时取 0.4 η_c——墙体约束修正系数，一般情况取 1.0，构造柱间距不大于 3.0m 时取 1.1 A_{sh}——层间墙体竖向截面的总水平纵向钢筋面积，其配筋率不应小于 0.07%，且不大于 0.17%，水平纵向钢筋配筋率小于 0.07% 时取 0

表 2-81 砖砌体强度的正应力影响系数

砌体类别	σ_0/f_v						
	0.0	1.0	3.0	5.0	7.0	10.0	12.0
普通砖、多孔砖	0.80	0.99	1.25	1.47	1.65	1.90	2.05

注：σ_0 为对应于重力荷载代表值的砌体截面平均压应力。

表 2-82 钢筋参与工作系数 (ζ_s)

墙体高宽比	0.4	0.6	0.8	1.0	1.2
ζ_s	0.10	0.12	0.14	0.15	0.12

（2）无筋砖砌体墙的截面抗震受压承载力，按第 2 章第 4 节计算的截面非抗震受压承载力除以承载力抗震调整系数进行计算；网状配筋砖墙、组合砖墙的截面抗震受压承载力，按第 2 章第 7 节计算的截面非抗震受压承载力除以承载力抗震调整系数进行计算。

2. 构造措施

（1）各类砖砌体房屋的现浇钢筋混凝土构造柱（以下简称构造柱），其设置应符合现行国家标准《建筑抗震设计规范》GB50011 的有关规定，并应符合下列规定：

1）构造柱设置部位应符合表 2-83 的规定。

2）外廊式和单面走廊式的房屋，应根据房屋增加一层的层数，按表 2-83 的要求设置构造柱，且单面走廊两侧的纵墙均应按外墙处理。

3）横墙较少的房屋，应根据房屋增加一层的层数，按表 2-83 的要求设置构造柱。当横墙较少的房屋为外廊式或单面走廊式时，应按第 2 条要求设置构造柱。但 6 度不超过四层、7 度不超过三层和 8 度不超过二层时应按增加二层的层数对待。

表 2-83 砖砌体房屋构造柱设置要求

房屋层数				设置部位	
6 度	7 度	8 度	9 度		
≤5	≤4	≤3		楼梯间、电梯间四角、楼梯斜梯段上下端对应的墙体处；外墙四角和对应转角；错层部位横墙与外纵墙交接处；大房间内外墙交接处；较大洞口两侧	隔 12m 或单元横墙与外纵墙交接处；楼梯间对应的另一侧内横墙与外纵墙交接处
6	5	4	2		隔开间横墙（轴线）与外墙交接处；山墙与内纵墙交接处
7	6、7	5、6	3、4		内墙（轴线）与外墙交接处；内墙的局部较小墙垛处；内纵墙与横墙（轴线）交接处

注：1. 较大洞口，内墙指不小于 2.1m 的洞口；外墙在内外墙交接处已设置构造柱时允许适当放宽，但洞侧墙体应加强。

2. 当按本条第 2～5 款规定确定的层数超出表 2-83 范围，构造柱设置要求不应低于表中相应烈度的最高要求却不宜适当提高。

4) 各层横墙很少的房屋，应按增加二层的层数设置构造柱。

5) 采用蒸压灰砂普通砖和蒸压粉煤灰普通砖的砌体房屋，当砌体的抗剪强度仅达到普通黏土砖砌体的 70% 时（普通砂浆砌筑），应根据增加一层的层数按本条 1 ~ 4 款要求设置构造柱；但 6 度不超过四层、7 度不超过三层和 8 度不超过二层时应按增加二层的层数对待。

6) 有错层的多层房屋，在错层部位应设置墙，其与其他墙交接处应设置构造柱；在错层部位的错层楼板位置应设置现浇钢筋混凝土圈梁；当房屋层数不低于四层时，底部 1/4 楼层处错层部位墙中部的构造柱间距不宜大于 2m。

(2) 多层砖砌体房屋的构造柱应符合下列构造规定：

1) 构造柱的最小截面可为 180mm × 240mm（墙厚 190mm 时为 180mm × 190mm）；构造柱纵向钢筋宜采用 4φ12，箍筋直径可采用 6mm，间距不宜大于 250mm，且在柱上、下端适当加密；当 6、7 度超过 6 层、8 度超过 5 层和 9 度时，构造柱纵向钢筋宜采用 4φ14，箍筋间距不应大于 200mm；房屋四角的构造柱应适当加大截面及配筋。

2) 构造柱与墙连接处应砌成马牙槎，沿墙高每隔 500mm 设 2φ6 水平钢筋和 φ4 分布短筋平面内点焊组成的拉结网片或 φ4 点焊钢筋网片，每边伸入墙内不宜小于 1m。6、7 度时，底部 1/3 楼层，8 度时底部 1/2 楼层，9 度时全部楼层，上述拉结钢筋网片应沿墙体水平通长设置。

3) 构造柱与圈梁连接处，构造柱的纵筋应在圈梁纵筋内侧穿过，保证构造柱纵筋上下贯通。

4) 构造柱可不单独设置基础，但应伸入室外地面下 500mm，或与埋深小于 500mm 的基础圈梁相连。

5) 房屋高度和层数接近表 2-74 的限值时，纵、横墙内构造柱间距尚应符合下列规定。

① 横墙内的构造柱间距不宜大于层高的二倍；下部 1/3 楼层的构造柱间距适当减小。

② 当外纵墙开间大于 3.9m 时，应另设加强措施。内纵墙的构造柱间距不宜大于 4.2m。

(3) 约束普通砖的构造，应符合下列规定：

1) 墙段两端设有符合现行国家标准《建筑抗震设计规范》GB50011 要求的构造柱，且墙肢两端及中部构造柱的间距不大于层高或 3.0m，较大洞口两侧应设置构造柱；构造柱最小截面尺寸不宜小于 240mm × 240mm（墙厚 190mm 时为 240mm × 190mm），边柱和角柱的截面宜适当加大；构造柱的纵筋和箍筋设置宜符合表 2-84 的要求。

表 2-84　构造柱的纵筋和箍筋设置要求

位置	纵向钢筋			箍 筋		
	最大配筋率（%）	最小配筋率（%）	最大直径/mm	加密区范围/mm	加密区间距/mm	最小直径/mm
角柱	1.8	0.8	14	全高	100	6
边柱			14	上端 700		
中柱	1.4	0.6	12	下端 500		

2）墙体在楼、屋盖标高处均设置满足现行国家标准《建筑抗震设计规范》GB50011要求的圈梁，上部各楼层处圈梁截面高度不宜小于150mm；圈梁纵向钢筋应采用强度等级不低于HRB335的钢筋，6、7度时不小于4φ10；8度时不小于4φ12；9度时不小于4φ14；箍筋不小于φ6。

（4）房屋的楼、屋盖与承重墙构件的连接，应符合下列规定：

1）钢筋混凝土预制楼板在梁、承重墙上必须具有足够的搁置长度。当圈梁未设在板的同一标高时，板端的搁置长度，在外墙上不应小于120mm，在内墙上，不应小于100mm，在梁上不应小于80mm，当采用硬架支模连接时，搁置长度允许不满足上述要求。

2）当圈梁设在板的同一标高时，钢筋混凝土预制楼板端头应伸出钢筋，与墙体的圈梁相连接。当圈梁设在板底时，房屋端部大房间的楼盖，6度时房屋的屋盖和7~9度时房屋的楼、屋盖，钢筋混凝土预制板应互相拉结，并应与梁、墙或圈梁拉结。

3）当板的跨度大于4.8m并与外墙平行时，靠外窗的预制板侧边应与墙或圈梁拉结。

4）钢筋混凝土预制楼板侧边之间应留有不小于20mm的空隙，相邻跨预制楼板板缝宜贯通，但板缝宽度不小于50mm时应配置板缝钢筋。

5）装配整体式钢筋混凝土楼、屋盖，应在预制板叠合层上双向配置通长的水平钢筋，预制板应在后浇的叠合层有可靠的连接。现浇板和现浇叠合层应跨越承重内墙或梁，伸入外墙内长度应不小于120mm和1/2墙厚。

6）现浇或装配整体式钢筋混凝土楼、屋盖与墙体有可靠连接的房屋，应允许不另设圈梁，但楼板沿抗震墙体周边均应加强配筋并应与相应的构造柱钢筋可靠连接。

2.9.3　混凝土砌块砌体构件

（1）混凝土砌块砌体沿阶梯形截面破坏的抗震抗剪强度设计值，应按下式计算：

$$f_{vE} = \xi_N f_v \tag{2-89}$$

式中　f_{vE}——砌体沿阶梯形截面破坏的抗震抗剪强度等级设计值；

f_v——非抗震设计的砌体抗剪强度设计值；

ξ_N——砌块砌体抗震抗剪强度的正应力影响系数，应按表2-85采用。

表2-85　砌块砌体抗震抗剪强度的正应力影响系数

砌体类别	σ_0/f_v						
	1.0	3.0	5.0	7.0	10.0	12.0	≥16.0
混凝土砌块	1.23	1.69	2.15	2.57	3.02	3.32	3.92

注：σ_0 为对应于重力荷载代表值的砌体截面平均压应力。

（2）设置构造柱和芯柱的混凝土砌块墙体的截面抗震受剪承载力，可按下式验算：

$$V \leqslant \frac{1}{\gamma_{RE}} \left[f_{vE}A + (0.3f_{t1}A_{c1} + 0.3f_{t2}A_{c2} + \right.$$
$$\left. 0.05f_{y1}A_{s1} + 0.05f_{y2}A_{s2})\zeta_c \right] \tag{2-90}$$

式中　f_{t1}——芯柱混凝土轴心抗拉强度设计值；

f_{t2}——构造柱混凝土轴心抗拉强度设计值；

A_{c1}——墙中部芯柱截面总面积；

A_{c2}——墙中部构造柱截面总面积，$A_{c2} = bh$；

A_{s1}——芯柱钢筋截面总面积；

A_{s2}——构造柱钢筋截面总面积；

f_{y1}——芯柱钢筋抗拉强度设计值；

f_{y2}——构造柱钢筋抗拉强度设计值；

ζ_c——芯柱和构造柱参与工作系数，可按表 2-86 采用。

表 2-86　芯柱和构造柱参与工作系数

灌孔率 ρ	$\rho < 0.15$	$0.15 \leqslant \rho < 0.25$	$0.25 \leqslant \rho < 0.5$	$\rho \geqslant 0.5$
ζ_c	0	1.0	1.10	1.15

注：灌孔率指芯柱根数（含构造柱和填实孔洞数量）与孔洞总数之比。

（3）无筋混凝土砌块砌体抗震墙的截面抗震受压承载力，应按本书第 2 章第 4 节计算的截面非抗震受压承载力除以承载力抗震调整系数进行计算。

（4）混凝土砌块房屋应按表 2-87 的要求设置钢筋混凝土芯柱。对外廊式和单面走廊式的房屋、横墙较少的房屋、各层横墙较少的房屋，尚应分别按本书的 2.9.2 第 2 条（1）关于增加层数的对应要求，按表 2-87 的要求设置芯柱。

表 2-87　混凝土砌块房屋芯柱设置要求

房屋层数				设置部位	设置数量
6 度	7 度	8 度	9 度		
≤五	≤四	≤三		外墙四角和对应转角； 楼、电梯间四角；楼梯斜梯段上下端对应的墙体处； 大房间内外墙交接处； 错层部位横墙与外纵墙交接处； 隔 12m 或单元横墙与外纵墙交接处	外墙转角，灌实 3 个孔； 内外墙交接处，灌实 4 个孔； 楼梯斜梯段上下端对应的墙体处，灌实 2 个孔
六	五	四	一	同上； 隔开间横墙（轴线）与外纵墙交接处	
七	六	五	二	同上； 各内墙（轴线）与外纵墙交接处； 内纵墙与横墙（轴线）交接处和洞口两侧	外墙转角，灌实 5 个孔； 内外墙交接处，灌实 4 个孔； 内墙交接处，灌实 4~5 个孔； 洞口两侧各灌实 1 个孔

（续）

房屋层数				设置部位	设置数量
6度	7度	8度	9度		
七	六		三	同上； 横墙内芯柱间距不宜大于2m	外墙转角，灌实7个孔； 内外墙交接处，灌实5个孔； 内墙交接处，灌实4~5个孔； 洞口两侧各灌实1个孔

注：1. 外墙转角、内外墙交接处、楼电梯间四角等部位，应允许采用钢筋混凝土构造柱替代部分芯柱。

　　2. 当按2.9.2第2条（1）规定确定的层数超出表2-87范围，芯柱设置要求不应低于表中相应烈度的最高要求且宜适当提高。

（5）混凝土砌块房屋混凝土芯柱，尚应满足下列要求：

1）混凝土砌块砌体墙纵横墙交接处、墙段两端和较大洞口两侧宜设置不少于单孔的芯柱。

2）有错层的多层房屋，错层部位应设置墙，墙中部的钢筋混凝土芯柱间距宜适当加密，在错层部位纵横墙交接处宜设置不少于4孔的芯柱；在错层部位的错层楼板位置应设置现浇钢筋混凝土圈梁。

3）为提高墙体抗震受剪承载力而设置的芯柱，宜在墙体内均匀布置，最大间距不宜大于2.0m。但房屋层数或高度等于或接近表2-74中限值时，纵、横墙内芯柱间距尚应符合下列要求：

① 底部1/3楼层横墙中部的芯柱间距，7、8度时不宜大于1.5m；9度时不宜大于1.0m。

② 当外纵墙开间大于3.9m时，应另设加强措施。

（6）梁支座处墙内宜设置芯柱，芯柱灌实孔数不少于3个。当8、9度房屋采用大跨梁或井字梁时，宜在梁支座处墙内设置构造柱；并应考虑梁端弯矩对墙体和构造柱的影响。

（7）混凝土砌块砌体房屋的圈梁，除应符合现行国家标准《建筑抗震设计规范》GB50011要求外，尚应符合下述构造要求：

圈梁的截面宽度宜取墙宽且不应小于190mm，配筋宜符合表2-88的要求，箍筋直径不小于φ6；基础圈梁的截面宽度宜取墙宽，截面高度不应小于200mm，纵筋不应少于4φ14。

表2-88　混凝土砌块砌体房屋圈梁配筋要求

配筋	烈度		
	6、7	8	9
最小纵筋	4φ10	4φ12	4φ14
箍筋最大间距/mm	250	200	150

（8）楼梯间墙体构件除按规定设置构造柱或芯柱外，尚应通过墙体配筋增强其抗震能力，墙体应沿墙每隔400mm水平通长设置φ4点焊拉结钢筋网片；楼梯间墙体中部的芯柱间

距，6 度时不宜大于 2m；7、8 度时不宜大于 1.5m；9 度时不宜大于 1.0m；房屋层数或高度等于或接近表 2-74 中限值时，底部 1/3 楼层芯柱间距适当减小。

（9）混凝土砌块房屋的砌体抗震构造措施，尚应符合本书第 2.9.2 节和现行国家标准《建筑抗震设计规范》GB50011 有关要求。

2.9.4　底部框架—抗震墙砌体房屋抗震构件

（1）底部框架-抗震墙砌体房屋中的钢筋混凝土抗震构件的截面抗震承载力应按国家现行标准《混凝土结构设计规范》GB50010 和《建筑抗震设计规范》GB50011 的规定计算。配筋砌块砌体抗震的截面抗震承载力应按本书第 2.9.5 节的规定计算。

（2）底部框架-抗震墙砌体房屋中，底部框架、托梁和抗震墙组合的内力设计值尚应按下列要求进行调整：

1）柱的最上端和最下端组合的弯矩设计值应乘以增大系数，一、二、三级的增大系数应分别按 1.5、1.25 和 1.15 采用。

2）底部框架或托梁尚应按现行国家标准《建筑抗震设计规范》GB50011—2010 第 6 章的相关规定进行内力调整。

3）抗震墙墙肢不应出现小偏心受拉。

（3）底层框架-抗震墙砌体房屋中嵌砌与框架之间的砌体抗震墙，应符合本书 2.9.4 节第 8 条的构造要求，其抗震验算应符合表 2-89 规定。

表 2-89　底层框架-抗震墙砌体房屋中嵌砌与框架之间的砌体抗震墙抗震验算规定

不同部位的力	公　式	公式参数说明
底部框架柱的轴向力和剪力	$N_f = V_w H_f / l$ $V_f = V_w$ （2-91）	N_f——框架柱的附加轴压力设计值 V_w——墙体承担的剪力设计值，柱两侧有墙时可取二者的较大值 $H_f、l$——分别为框架的层高和跨度 V_f——框架柱的附加剪力设计值
嵌砌于框架之间的砌体抗震墙及两端抗架柱	$V \leqslant \dfrac{1}{\gamma_{REc}} \sum (M_{yc}^u + M_{yc}^l)/H_0$ $\quad + \dfrac{1}{\gamma_{REw}} \sum f_{vE} A_{w0}$ （2-92）	V——嵌砌砌体墙及两端框架柱剪力设计值 γ_{REc}——底层框架柱承载力抗震调整系数，可采用 0.8 $M_{yc}^u、M_{yc}^l$——分别为底层框架柱上下端的正截面受弯承载力设计值，可按现行国家标准《混凝土结构设计规范》GB50010 非抗震设计的有关公式取等号计算 H_0——底层框架柱的计算高度，两侧均有砌体墙时净高的 2/3，其余情况取柱净高 γ_{REw}——嵌砌砌体抗震墙承载力抗震调整系数，可采用 0.9 A_{w0}——砌体墙水平截面的计算面积，无洞口时取实际截面的 1.25 倍，有洞口时取截面净面积，但不计入宽度小于洞口高度 1/4 的墙肢截面面积

（4）由重力荷载代表值产生的框支墙梁托梁内力应按本规范第 2.6.4 节的有关规定计算。重力荷载代表值应按现行国家标准《建筑抗震设计规范》GB50011 的有关规定计算。但托梁弯矩系数 α_M、剪力系数 β_V 应予增大；当抗震等级为一级时，增大系数取为 1.15；当为二级时，取为 1.10；当为三级时，取为 1.05；当未四级时，取为 1.0。

（5）底部框架-抗震墙砌体房屋中底部抗震墙的厚度和数量，应有房屋的竖向刚度分布来确定。当采用约束普通砖墙时其厚度不得小于 240mm；配筋混凝土抗震墙厚度，不宜小于 160mm；且均不宜小于层高的 1/20。

（6）底部框架-抗震墙砌体房屋的底部采用钢筋混凝土抗震墙或配筋砌块砌体抗震墙时，其截面和构造应符合现行国家标准《建筑抗震设计规范》GB50011 的有关规定。配筋砌块砌体抗震墙尚应符合下列规定：

1）墙体的水平分布钢筋应采用双排布置；

2）墙体的分布钢筋和边缘构件，除应满足承载力要求外，可根据墙体抗震等级，按 2.9.5 节关于底部加强部位配筋砌块砌体抗震墙的分布钢筋和边缘构件的规定设置。

（7）6 度设防的底层框架——抗震墙房屋的底层采用约束普通砖墙时，其构造除应同时满足 2.9.2 的要求外，尚应符合下列规定：

1）墙长大于 4m 时和洞口两侧，应在墙内增设钢筋混凝土构造柱。构造柱的纵向钢筋不宜少于 4φ14。

2）沿墙高每隔 300mm 设置 2φ8 水平钢筋与 φ4 分布短筋平面内点焊组成的通长拉结网片，并锚入框架柱内。

3）在墙体半高附近尚应设置与框架柱相连的钢筋混凝土水平系梁，系梁截面宽度不应小于墙厚，截面高度不应小于 120mm，纵筋不应小于 4φ12，箍筋直径不应小于 φ6，箍筋间距不应大于 200mm。

（8）底部框架-抗震墙砌体房屋的框架柱和钢筋混凝土托梁，其截面和构造除应符合现行国家标准《建筑抗震设计规范》GB50011 的有关规定要求外，尚应符合下列规定：

1）托梁的截面宽度不应小于 300mm，截面高度不应小于跨度的 1/10，当墙体在梁端附近有洞口时，梁截面高度不宜小于跨度的 1/8。

2）托梁上、下部纵向贯通钢筋最小配筋率，一级时不应小于 0.4%，二、三级时分别不应小于 0.3%；当托墙梁受力状态为偏心受拉时，支座上部纵向钢筋至少应有 50% 沿梁全长贯通，下部纵向钢筋应全部直通到柱内。

3）托梁箍筋的直径不应小于 10mm，间距不应大于 200mm；梁端在 1.5 倍梁高且不小于 1/5 净跨范围内，以及上部墙体的洞口处和洞口两侧各 500mm 且不小于梁高的范围内，箍筋间距不应大于 100mm。

4）托梁沿梁高每侧应设置不小于 1φ14 的通长腰筋，间距不应大于 200mm。

（9）底部框架-抗震墙砌体房屋的上部墙体，对构造柱或芯柱的设置及其构造应符合多层砌体房屋的要求，同时应符合下列规定：

1）构造柱截面不宜大于 240mm×240mm（墙厚 190mm 时为 240mm×190mm），纵向钢筋不宜少于 4φ14，箍筋间距不宜大于 200m；

2）芯柱每孔插筋不应小于 1φ14；芯柱间应沿墙高设置间距不大于 400mm 的 φ4 焊接水平钢筋网片；

3）顶层的窗台标高处，宜沿纵横墙通长设置的水平现浇钢筋混凝土带；其截面高度不小于 60mm，宽度不小于墙厚，纵向钢筋不少于 2φ10，横向分布筋的直径不小于 6mm 且其间距不大于 200mm。

（10）过度层墙体的材料强度等级和构造要求，应符合下列规定：

1）过滤层砌体块材的强度等级不应低于 MU10，砖砌体砌筑砂浆强度等级不应低于 M10，砌块砌体砌筑砂浆强度等级不应低 M_b10。

2）上部砌体墙的中心线宜同底部的托梁、抗震墙的中心线相重合。当过滤层砌体墙与底部框架梁、抗震墙不对齐时，应另设置托墙转换梁，并且应对底层和过滤层相关结构构件另外采取加强措施。

3）托梁上过渡层砌体墙的洞口不宜设置在框架柱或抗震墙边框柱的正上方。

4）过滤层应在底部框架柱、抗震墙边框柱、砌体抗震墙的构造柱或芯柱所对应处设置构造柱或芯柱，并且上下贯通。过滤层墙体内的构造柱间距不宜大于层高；芯柱除按本书 2.9.3 节规定外，砌块砌体墙体中部的芯柱宜均匀布置，最大间距不宜大于 1m。

构造柱截面不宜小于 240mm×240mm（墙厚 190 时为 240mm×190mm），其纵向钢筋，6、7 度时不宜少于 4φ16，8 度时不宜少于 4φ18。芯柱的纵向钢筋，6、7 度时不宜少于每孔 1φ16，8 度时不宜少于每孔 1φ18。一般情况下，纵向钢筋应锚入下部的框架或混凝土墙内；当纵向钢筋锚固在托墙梁内时，托墙梁的相应位置应加强。

5）过渡层的砌体墙，凡宽度不小于 1.2m 的门洞和 2.1m 的窗洞，洞口两侧宜增设截面不小于 120mm×240mm（墙厚 190mm 时为 120mm×190mm）的构造柱或单孔芯柱。

6）过滤层砖砌体墙，在相邻构造柱间应沿墙高每隔 360mm 设置 2φ6 通长水平钢筋与φ4 分布短筋平面内点焊组成的拉结网片或φ4 点焊钢筋网片；过渡层砌块砌体墙，在芯柱之间沿墙高应每隔 400mm 设置φ4 通长水平点焊钢筋网片。

7）过渡层的砌体在窗台标高处，应设置沿纵横墙通长的水平现浇钢筋混凝土带。

（11）底部框架-抗震墙砌体房屋的楼盖应符合下列规定：

1）过渡层的底板应采用现浇钢筋混凝土楼板，且板厚不应小于 120mm，并应采用双排双向配筋，配筋率分别不应小于 0.25%；应少开洞、开小洞，当洞口尺寸大于 800mm 时，洞口周边应设置边梁。

2）其他楼层，采用装配式钢筋混凝土楼板时均应设现浇圈梁，采用现浇钢筋混凝土楼板时应允许不另设圈梁，但楼板沿抗震墙体周边均应加强配筋并应与相应的构造柱、芯柱可靠连接。

（12）底部框架-抗震墙砌体房屋的其他抗震措施，应符合本章各节和现行国家标准《建筑抗震设计规范》GB50011 的有关要求。

2.9.5 配筋砌块砌体抗震墙

（1）考虑地震作用组合的配筋砌块砌体抗震墙的正截面承载力应按本书第 2.8 节的规定计算，但其抗力应除以承载力抗震调整系数。

（2）配筋砌块砌体抗震墙承载力计算时，底部加强部位的截面组合剪力设计值 V_w 应按表 2-90 的规定调整。

（3）配筋砌块砌体抗震墙的截面，应符合下列规定：

表 2-90　底部加强部位的截面组合剪力设计值规定

抗震等级	V_W 的取值	说明
一级	$V_W = 1.6V$	
二级	$V_W = 1.4V$	V——考虑地震作用组合的抗震墙计算截面的剪
三级	$V_W = 1.2V$	力设计值
四级	$V_W = 1.0V$	

1）当剪跨比大于 2 时：

$$V_w \leqslant \frac{1}{\gamma_{RE}} 0.2 f_g b h_0 \qquad (2\text{-}93)$$

2）当剪跨比小于或等于 2 时：

$$V_w \leqslant \frac{1}{\gamma_{RE}} 0.15 f_g b h_0 \qquad (2\text{-}94)$$

（4）偏心受压配筋砌块砌体抗震墙的斜截面受剪承载力以及偏心受拉配筋砌块砌体抗震墙的斜截面受剪承载力应按以下方法计算（见表 2-91）。

表 2-91　偏心受压和偏心受拉配筋砌块砌体抗震墙的斜截面受剪承载力计算

斜截面受剪承载力	公　式	参数说明
偏心受压配筋砌块砌体抗震墙的斜截面受剪承载力	$V_w \leqslant \dfrac{1}{\gamma_{RE}}\Big[\dfrac{1}{\lambda - 0.5}\Big(0.48 f_{vg} b h_0 + 0.10 N \dfrac{A_w}{A}\Big) + 0.72 f_{yh} \dfrac{A_{sh}}{s} h_0\Big]$ $\lambda = \dfrac{M}{V h_0}$	f_{vg}——灌孔砌块砌体的抗剪强度设计值，按 2.2.2 相关规定采用； M——考虑地震作用组合的抗震计算截面的弯矩设计值； N——考虑地震作用组合的抗震墙计算截面的轴向力设计值，当 $N > 0.2 f_g b h$，$N = 0.2 f_g b h$； A——抗震墙的截面面积，其中翼缘的有效面积，可按 2.8.2 第 4 条规定计算
偏心受拉配筋砌块砌体抗震墙的斜截面受剪承载力	$V_w \leqslant \dfrac{1}{\gamma_{RE}}\Big[\dfrac{1}{\lambda - 0.5}\Big(0.48 f_{vg} b h_0 - 0.17 N \dfrac{A_w}{A}\Big) + 0.72 f_{yh} \dfrac{A_{sh}}{s} h_0\Big]$ 注： 当 $0.48 f_{vg} b h_0 - 0.17 N \dfrac{A_w}{A} < 0$ 时 取 $0.48 f_{vg} b h_0 - 0.17 N \dfrac{A_w}{A} = 0$	A_w——T 形或 I 字形截面抗震墙腹板的截面面积，对于矩形截面取 $A_w = A$； λ——计算截面的剪跨比，当 $\lambda \leqslant 1.5$ 时，取 $\lambda = 1.5$；当 $\lambda \geqslant 2.2$ 时，取 $\lambda = 2.2$； A_{sh}——配置在同一截面内的水平分布钢筋的全部截面面积； f_{yh}——水平钢筋的抗拉强度设计值； f_{vg}——灌孔砌体的抗压强度设计值； s——水平分布钢筋的竖向间距； γ_{RE}——承载力抗震调整系数

（5）配筋砌块砌体抗震墙跨度高比大于 2.5 的连梁应采用钢筋混凝土连梁，其截面组合的剪力设计值和斜截面承载力，应符合现行国家标准《混凝土结构设计规范》GB50011 对连梁的有关规定；跨高比小于或等于 2.5 的连梁可采用配筋砌块砌体连梁，采用配筋砌块砌体连梁时，应采用相应的计算参数和指标；连梁的正截面承载力应除以相应的承载力抗震调整系数。

（6）配筋砌块砌体抗震墙连梁的剪力设计值，抗震等级一、二、三级时应按下式调整，四级时可不调整：

$$V_b = \eta_v \frac{M_b^l + M_b^r}{l_n} + V_{Gb} \tag{2-95}$$

式中 V_b——连梁的剪力设计值；

η_v——剪力增大系数，一级时取 1.3；二级时取 1.2；三级时取 1.1；

M_b^l、M_b^r——分别为梁左、右端考虑地震作用组合的弯矩设计值；

V_{Gb}——在重力荷载代表值作用下，按简支梁计算的截面剪力设计值；

l_n——连梁净跨。

（7）抗震墙采用配筋混凝土砌块砌体连梁时，应符合下列规定：

1）连梁的截面应满足下式的要求：

$$V_b \leqslant \frac{1}{\gamma_{RE}}(0.15f_g b h_0) \tag{2-96}$$

2）连梁的斜截面受剪承载力应按下式计算：

$$V_b = \frac{1}{\gamma_{RE}}\left(0.56f_{vg}bh_0 + 0.7f_{yv}\frac{A_{sv}}{s}h_0\right) \tag{2-97}$$

式中 A_{sv}——配置在同一截面内的箍筋各肢的全部截面面积；

f_{yv}——箍筋的抗拉强度设计值。

（8）配筋砌块砌体抗震墙的水平和竖向分布钢筋应符合下列规定，抗震墙底部加强区的高度不小于房屋高度的 1/6，且不小于房屋底部两层的高度。

1）抗震墙水平分布钢筋的配筋构造应符合表 2-92 的规定：

表 2-92　抗震墙水平分布钢筋的配筋构造

抗震等级	最小配筋率（%）		最大间距/mm	最小直径/mm
	一般部位	加强部位		
一级	0.13	0.15	400	Φ8
二级	0.13	0.13	600	Φ8
三级	0.11	0.13	600	Φ8
四级	0.10	0.10	600	Φ6

注：1. 水平分布钢筋宜双排布置，在顶层和底部加强部位，最大间距不应大于 400mm。

2. 双排水平分布钢筋应设不小于 Φ6 拉结筋，水平间距不应大于 400mm。

2）抗震墙竖向分布钢筋的配筋构造应符合表2-93的规定：

表2-93　抗震墙竖向分布钢筋的配筋构造

抗震等级	最小配筋率（%）		最大间距/mm	最小直径/mm
	一般部位	加强部位		
一级	0.15	0.15	400	Φ12
二级	0.13	0.13	600	Φ12
三级	0.11	0.13	600	Φ12
四级	0.10	0.10	600	Φ12

注：竖向分布钢筋宜采用单排布置，直径不应大于25mm，9度时配筋率不应小于0.2%。在顶层和底部加强部位，最大间距适当减小。

（9）配筋砌块砌体抗震墙除应符合本书2.8.4第2条6）的规定外，应在底部加强部位和轴压比大于0.4的其他部位的墙肢设置边缘构件。边缘构件的配筋范围：无翼墙端部为3孔配筋；"L"形转角节点为3孔配筋；"T"形转角节点为4孔配筋；边缘构件范围内应设置水平箍筋；配筋砌块砌体抗震墙边缘构件的配筋应符合表2-94的要求。

表2-94　配筋砌块砌体抗震墙边缘构件的配筋要求

抗震等级	每孔竖向钢筋最小量		水平箍筋最小直径	水平箍筋最大间距/mm
	底部加强部位	一般部位		
一级	1Φ20（4Φ16）	1Φ18（4Φ16）	Φ8	200
二级	1Φ18（4Φ16）	1Φ16（4Φ14）	Φ6	200
三级	1Φ16（4Φ12）	1Φ14（4Φ12）	Φ6	200
四级	1Φ14（4Φ12）	1Φ12（4Φ12）	Φ6	200

注：1. 边缘构件水平箍筋宜采用横筋为双筋的搭接点焊网片形式。

　　2. 当抗震等级为二、三级时，边缘构件箍筋应采用HRB400级或RRB400级钢筋。

　　3. 表中括号中数字为边缘构件采用混凝土边框柱时的配筋。

（10）宜避免设置转角窗，否则，转角窗开间相关墙体尽端边缘构件最小纵筋直径应比表2-94提高一级，且转角窗开间的楼、屋面应采用现浇钢筋混凝土楼、屋面板。

（11）配筋砌体砌块抗震墙在重力作用荷载代表值作用下的轴压比，应符合表2-95的规定。

（12）配筋砌块砌体圈梁构造，应符合下列规定：

1）各楼层标高处，每道配筋砌块砌体抗震墙均应设置现浇钢筋混凝土圈梁，圈梁的宽度应为墙厚，其截面高度不宜小于200mm。

2）圈梁混凝土抗压强度不应小于相应灌孔砌块砌体的强度且不应小于C20。

表 2-95　配筋砌体砌块抗震墙在重力作用荷载代表值作用下的轴压比规定

墙体部位	规　　定	
一般墙体底部或加强部位	一级（9 度）	不宜大于 0.4
	一级（8 度）	不宜大于 0.5
	二、三级	不宜大于 0.6
	一般部位	不宜大于 0.6
短肢墙体全高范围	一级	不宜大于 0.50
	二、三级	不宜大于 0.60
	对于无翼缘的一字形短肢墙	其轴压比限值相应降低 0.1
各向墙肢截面均为 3~5 倍墙厚的独立小墙肢	一级	不宜大于 0.4
	二、三级	不宜大于 0.5
	对于无翼缘的一字形独立小墙肢	其轴压比限值相应降低 0.1

3）圈梁纵向钢筋直径不应小于墙中水平分布钢筋的直径，且不应小于 4φ12。基础圈梁纵筋不应小于 4φ12；圈梁及基础圈梁箍筋直径不应小于 φ8，间距不应大于 200mm；当圈梁高度大于 300mm 时，应沿梁截面高度方向设置腰筋，其间距不应大于 200mm，直径不应小于 φ10。

4）圈梁底部嵌入墙顶砌块孔洞内，深度不宜小于 30mm；圈梁顶部应是毛面。

（13）配筋砌块砌体抗震墙连梁的构造，当采用混凝土连梁时，应符合表 2-73 的规定和现行国家标准《混凝土结构设计规范》GB50010 中有关地震区连梁的构造要求；当采用配筋砌块砌体连梁时，除应符合本书 2.8.4 第 3 条的规定以外，尚应符合下列规定：

1）连梁上下水平钢筋锚入墙体内的长度，一、二级抗震等级不应小于 $1.1l_a$，三、四级抗震等级不应小于 l_a，且不应小于 600mm。

2）连梁的箍筋应沿梁长布置，并应符合表 2-96 的规定：

表 2-96　连梁箍筋的构造要求

抗震等级	箍筋加密区			箍筋非加密区	
	长度	箍筋最大间距	直径	间距/mm	直径
一级	$2h$	100mm，6d，1/4h 中的小值	φ10	200	φ10
二级	$1.5h$	100mm，8d，1/4h 中的小值	φ8	200	φ8
三级	$1.5h$	150mm，8d，1/4h 中的小值	φ8	200	φ8
四级	$1.5h$	150mm，8d，1/4h 中的小值	φ8	200	φ8

注：h 为连梁截面高度；加密区长度不小于 600mm。

3）在顶层连梁伸入墙体的钢筋长度范围内，应设置间距不大于 200mm 的构造箍筋，箍筋直径应与连梁的箍筋直径相同。

4）连梁不宜开洞。当需要开洞时，应在跨中梁高1/3处顶埋外径不大于200mm的钢套管，洞口上下的有效高度不应小于1/3梁高，且不应小于200mm，洞口处应配补强钢筋并在洞周边浇筑灌孔混凝土，被洞口削弱的截面应进行受剪承载力验算。

（14）配筋砌块砌体抗震墙房屋的基础与抗震墙结合处的受力钢筋，当房屋高度超过50m或一级抗震等级时宜采用机械连接或焊接。

第3章 砌体结构施工

3.1 砌筑砂浆

3.1.1 砌筑砂浆品种

砌体砂浆是指将砖、石、砌块等粘结成为砌体用的砂浆，砌筑砂浆品种见表3-1。

表3-1 砌筑砂浆品种

品 种	组 成
水泥砂浆	水泥，细集料，掺加料
水泥混合砂浆	水泥，细集料，水，掺加料

注：细集料一般采用中砂。掺加料是指为改善砂浆和易性而加入的无机材料，例如：石灰膏、电石膏、粉煤灰、粘土膏等。

3.1.2 配制砌筑砂浆所需材料的要求

在配制砌筑砂浆时，所用材料要符合表3-2要求。

表3-2 配置砌筑砂浆需要的材料要求

材 料	要 求
水泥	（1）水泥进场时应对其品种、等级、包装或散装仓号、出厂日期等进行检查，并应对其强度、安定性进行复验，其质量必须符合现行国家标准《通用硅酸盐水泥》GB175的有关规定 （2）当在使用中对水泥质量有怀疑或水泥出厂超过三个月（快硬硅酸盐水泥超过一个月）时，应复查试验，并按复验结果使用 （3）不同品种的水泥，不得混合使用。抽检数量：按同一生产厂家、同品种、同等级、同批号连续进场的水泥，袋装水泥不超过200t为一批，散装水泥不超过500t为一批，每批抽样不少于一次。检验方法：检查产品合格证、出厂检验报告和进场复验报告
砂浆	（1）不应混有草根、树叶、树枝、塑料、煤块、炉渣等杂物 （2）砂中含泥量、泥块含量、石粉含量、云母、轻物质、有机物、硫化物、硫酸盐及氯盐含量（配筋砌体砌筑用砂）等应符合现行行业标准《普通混凝土用砂、石质量及检验方法标准》JGJ52的有关规定 （3）人工砂、山砂及特细砂，应经试配能满足砌筑砂浆技术条件要求
石灰膏	沉淀池中储存的石灰膏，应防止干燥、冻结和污染，严禁采用脱水硬化的石灰膏；石灰膏的用量，应按稠度120mm±5mm计量，现场施工中石灰膏不同稠度的换算系数，可按表3-3确定
生石灰粉	建筑生石灰、建筑生石灰粉熟化为石灰膏，其熟化时间分别不得少于7d和2d；建筑生石灰、消石灰粉不得替代石灰膏配置水泥石灰砂浆。建筑生石灰、建筑生石灰粉的品质指标应符合现行行业标准《建筑生石灰》JC/T479、《建筑生石灰粉》JC/T480的有关规定
粉煤灰	粉煤灰的品质指标应符合现行行业标准《粉煤灰在混凝土及砂浆中应用技术规程》JGJ28
水	水质应符合行业标准《混凝土用水标准》JGJ63的有关规定
外加剂	外加剂品种和数量应经有资质的检测单位检验和试配确定。掺有外加剂的技术性能应符合国家现行有关标准《砌筑砂浆增塑剂》JC/T164、《混凝土外加剂》GB8076、《砂浆、混凝土防水剂》JC474的质量要求

表 3-3　石灰膏不同稠度的换算系数

稠度/mm	120	110	100	90	80	70	60	50	40	30
换算系数	1.00	0.99	0.97	0.95	0.93	0.92	0.90	0.88	0.87	0.86

3.1.3　配制砌筑砂浆的规定

（1）施工中不应采用强度等级小于 M5 水泥砂浆替代同强度等级水泥混合砂浆，如需替代，应将水泥砂浆提高一个强度等级。

（2）配制砌筑砂浆时，各组分材料应采用质量计量，水泥及各种外加剂配料的允许偏差为 ±2%；砂、粉煤灰、石灰膏等配料的允许偏差为 ±5%。

（3）砌筑砂浆应采用机械搅拌，搅拌时间自投料完起算应符合下列规定：

1）水泥砂浆和水泥混合砂浆不得少于 120s。

2）水泥粉煤灰砂浆和掺用外加剂的砂浆不得少于 180s。

3）掺增塑剂的砂浆，其搅拌方式、搅拌时间应符合现行行业标准《砌筑砂浆增塑剂》JG/T164d 的有关规定。

4）干混砂浆及加气混凝土砌块专用砂浆宜按掺用外加剂的砂浆确定搅拌时间或按产品说明书采用。

（4）现场搅制的砂浆应随拌随用，拌制的砂浆应在 3h 内使用完毕；当施工期间最高气温超过 30℃时，应在 2h 内使用完毕。预拌砂浆及蒸压加气混凝土砌块专用砂浆的使用时间应按照厂方提供的说明书确定。

（5）砌体结构工程使用的湿拌浆，除直接使用外必须储存在不吸水的专用容器内，并根据气候条件采取遮阳、保温、防雨雪等措施，砂浆在储存过程中严禁随意加水。

3.1.4　砌筑砂浆质量验收规定

（1）砌筑砂浆试块强度验收时其强度合格标准应符合表 3-4 规定。

表 3-4　砌筑砂浆试块强度验收的合格标准

项　目	强度要求	抽检数量	检验方法
主控项目	同一验收批砂浆试块强度平均值应大于或等于设计强度等级值的 1.10 倍； 同一验收批砂浆试块抗压强度的最小一组平均值应大于或等于设计强度等级值的 85%	每一检验批且不超过 250m³ 砌体的各类、各强度等级的普通砌筑砂浆，每台搅拌机应至少抽检一次。验收批的预拌砂浆、蒸压加气混凝土砌块专用砂浆，抽检可为 3 组	在砂浆搅拌机出料口或在湿拌砂浆的储存容器出料口随机取样制作砂浆试块（现场拌制的砂浆，同盘砂浆只应做 1 组试块），试块标养 28d 后做强度试验。预拌砂浆中的湿拌砂浆稠度应在进场时取样检验

注：1. 砌筑砂浆的验收批，同一类型、强度等级的砂浆试块不应少于 3 组；同一验收批砂浆只有 1 组或 2 组试块时面每组试块抗压强度平均值应大于或等于设计强度等级值的 1.10 倍；对于建筑结构的安全等级为一级或设计使用年限为 50 年以上的房屋，同一验收批砂浆试块的数量不得少于 3 组。

2. 砂浆强度应以标准养护，28d 龄期的试块抗压强度为准。

3. 制作砂浆试块的砂浆稠度应与配合比设计一致。

（2）当施工中或验收时出现下列情况，可采用现场检验方法对砂浆或砌体强度进行实体检测，并判定其强度：

1）砂浆试块缺乏代表性或试块数量不足。

2）对砂浆试块的试验结果有怀疑或有争议。

3）砂浆试块的试验结果，不能满足设计要求。

4）发生工程事故，需要进一步分析事故原因。

3.2 砖砌体工程

3.2.1 砖墙的砌筑形式

普通砖墙的砌筑形式主要有一顺一丁、三顺一丁、梅花丁等见图 3-1。砖墙交接处组砌形式见图 3-2。

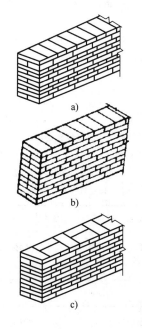

图 3-1 砖墙组砌形式

a）一顺一丁 b）三顺一丁 c）梅花丁

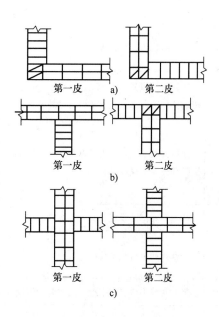

图 3-2 砖墙交接处组砌形式

a）一砖墙转角（一顺一丁）

b）一砖墙丁字交接处（一顺一丁）

c）一砖墙十字交接处（一顺一丁）

3.2.2 一般规定

（1）规格尺寸：本节是指以传统标准砖基本尺寸 240mm×115mm×53mm 为基础，适当调整尺寸，采用烧结、蒸压养护或自然养护等工艺生产的长度不超过 240mm，宽度不超过 190mm，厚度不超过 115mm 的实心或多孔（通孔、半盲孔）的主规格砖及其配砖。

（2）本节适用于烧结普通砖、烧结多孔砖、混凝土多孔转、混凝土实心砖、蒸压灰砂砖、蒸压粉煤灰砖等砌体工程。在施工过程中对砖砌体的一般规定见表 3-5。

表 3-5　砖砌体工程的一般规定

序　号	应 用 类 型	要　　求
1	用于清水墙、柱表面的砖	边角要整齐，色泽均匀
2	砌体砌筑	混凝土多孔砖、混凝土实心砖、蒸压灰砂砖、蒸压粉煤灰砖等块体的产品龄期不应小于 28d
3	有冻胀环境和条件的地区	地面以下或防潮层以下的砌体，不应采用多孔砖
4	不同品种的砖	不得在同一楼层混砌
5	砌筑烧结普通砖、烧结多孔砖、蒸压灰砂砖、蒸压粉煤灰砖砌体	砖应提前 1~2d 适度湿润，严禁采用干砖或处于吸水饱和状态的砖砌筑，块体湿润程度宜符合下列规定： （1）烧结类块体的相对含水率 60%~70% （2）混凝土多孔砖及混凝土实心砖不需浇水湿润，但在气候干燥炎热的情况下，宜在砌筑前对其喷水湿润。其他非烧结类块体的相对含水率 40%~50%
6	采用铺浆法砌筑砌体	铺浆长度不得超过 750mm；当施工期间气温超过 30℃ 时，铺浆长度不得超过 500mm
7	240mm 厚承重墙的每层墙的最上一皮砖，砖砌体的阶台水平面上及挑出层的外皮砖	应整砖丁砌
8	弧拱式及平拱式过梁的灰缝、平拱式过梁拱脚和砖砌平拱过梁底	弧拱式及平拱式过梁的灰缝应砌成楔形缝，拱底灰缝宽度不宜小于 5mm，拱顶灰缝宽度不应大于 15mm，拱体的纵向及横向灰缝应填实砂浆；平拱式过梁拱脚下面应伸入墙内不小于 20mm；砖砌平拱过梁底应有 1% 的起拱
9	砖过梁底部的模板及其支架拆除时	灰缝砂浆强度不应低于设计强度的 75%
10	多孔砖和半盲孔多孔砖	多孔砖的孔洞应垂直于受压面砌筑。半盲孔多孔砖的封底面应朝上砌筑
11	竖向灰缝不应出现瞎缝、透明缝和假缝	—
12	砖砌体施工临时间断处补砌时	必须将接槎处表面清理干净，洒水湿润，并填实砂浆，保持灰缝平直
13	夹心复合墙的砌筑	（1）体砌筑时，应采取措施防止空腔内掉落砂浆和杂物 （2）拉结件设置应符合设计要求，拉结件在叶墙上的搁置长度不应小于叶墙厚度的 2/3，并不应小于 60mm （3）保温材料品种及性能应符合设计要求。保温材料的浇注压力不应对砌体强度、变形及外观质量产生不良影响

3.2.3　砖砌体工程质量标准

砖砌体工程质量验收规定见表 3-6。

表 3-6　砖砌体工程质量验收规定

项目	质量要求	抽检数量	检验方法	合格标准
主控项目	砖和砂浆的强度等级必须符合设计要求	每一生产厂家，烧结普通砖、混凝土实心砖每 15 万块，烧结多孔砖、混凝土多孔砖、蒸压灰砂砖及蒸压粉煤灰砖每 10 万块各为一验收批，不足上述数量时按 1 批计，抽检数量为 1 组。砂浆试块的抽检数量执行本书第 3 章 3.1.4 第 1 条的有关规定	查砖和砂浆试块试验报告	—
	砌体灰缝砂浆应密实饱满，砖墙水平灰缝的砂浆饱满度不得低于 80%；砖柱水平灰缝和竖向灰缝饱满度不得低于 90%	每检验批抽查不应少于 5 处	用百格网检查砖底面与砂浆的粘结痕迹面积，每处检测 3 块砖，取其平均值	—
	砖砌体的转角处和交接处应同时砌筑，严禁无可靠措施的内外墙分砌施工。在抗震设防烈度为 8 度及 8 度以上地区，对不能同时砌筑而又必须留置的临时断处应砌成斜槎，普通砖砌体斜槎水平投影长度不应小于高度的 2/3，多孔砖砌体的斜槎长高比不应小于 1/2。斜槎高度不得超过一步脚手架的高度	每检验批抽查不应少于 5 处	观察检查	—
	非抗震设防及抗震设防烈度为 6 度、7 度地区的临时间断处，当不能留斜槎时，除转角处外，可留直槎，但直槎必须做成凸槎，且应加设拉结钢筋，拉结钢筋应符合下列规定： （1）每 120mm 墙厚度设置 1Φ6 拉结钢筋（120mm 厚墙应放置 2Φ6 拉结钢筋） （2）间距沿墙高不应超过 500mm （3）埋入长度从留槎处算起每边均不应小于 500mm，对抗震设防烈度 6 度、7 度的地区，不应小于 1000mm （4）末端应有 90°弯钩（图 3-3）	每检验批抽查不应少于 5 处	观察和尺量检查	留槎正确，拉结钢筋设置数量、直径正确，且竖向间距偏差不应超过 100mm，留置长度基本符合规定
一般项目	砖砌体组砌方法应正确，内外搭砌，上、下错缝。清水墙、窗间墙无通缝；混水墙中不得有长度大于 300mm 的通缝，长度 200～300mm 的通缝每间不超过 3 处，且不得位于同一面墙体上。砖柱不得采用包心砌法	每检验批抽查不应少于 5 处	观察检验。砌体组砌方法抽检每处为 3～5m	—
	砖砌体的灰缝应横平竖直，厚薄均匀，水平灰缝厚度及竖向灰缝宽度宜为 10mm，但不应小于 8mm，也不应大于 12mm	每检验批抽查不应少于 5 处	水平灰缝厚度用尺量 10 皮砖砌体高度折算；竖向灰缝宽度用尺量 2m 砌体长度折算	—
	砖砌体尺寸、位置的允许偏差见表 3-7 的规定	见表 3-7	见表 3-7	—

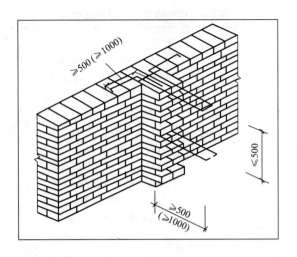

图 3-3　直槎处拉结钢筋示意图

表 3-7　砖砌体尺寸、位置的允许偏差及检验　　　　　　（单位：mm）

项次	项　目			允许偏差	检验方法	抽检数量
1	轴线位移			10	用经纬仪和尺或用其他测量仪器检查	承重墙、柱全数检查
2	基础、墙、柱顶面标高			±15	用水准仪和尺检查	不应少于5处
3	墙面垂直度	每层		5	用2m托线板检查	不应少于5处
		全高	≤10m	10	用经纬仪、吊线和尺或用其他测量仪器检查	外墙全部阳角
			>10m	20		
4	表面平整度	清水墙、柱		5	用2m靠尺和楔形塞尺检查	不应少于5处
		混水墙、柱		6		
5	水平灰缝平直度	清水墙		7	拉5m线和尺检查	不应少于5处
		混水墙		10		
6	门窗洞口高、宽（后塞口）			±10	用尺检查	不应少于5处
7	外墙上下窗口偏移			20	以底层窗口为准，用经纬仪或吊线检查	不应少于5处
8	清水墙游丁走缝			20	以每层第一皮砖为准，用吊线和尺检查	不应少于5处

3.3　混凝土小型空心砌块砌体工程

3.3.1　一般规定

（1）普通混凝土小型空心砌块和轻骨料混凝土小型空心砌块简称小砌块。

（2）混凝土小型空心砌块砌体工程的规定见表3-8。

表 3-8 混凝土小型空心砌块砌体工程的规定

序 号	情 况	要 求
1	施工前	应按房屋设计图编绘小砌块平面和立面排块图
2	施工中	应按排块图施工
3	施工采用的小砌块	产品龄期不应小于 28d
4	砌筑小砌块体	应清除表面污物,剔除外观质量不合格的小砌块
5	砌筑小砌块砌体	宜选用专用小砌块砌筑砂浆
6	底层室内地面以下或防潮层以下的砌体	应采用强度等级不低于 C20(或 C_b20)的混凝土灌实小砌块的孔洞
7	砌筑普通混凝土小型空心砌块砌体	不需对小砌块浇水湿润;如遇天气干燥炎热,宜在砌筑前对其喷水湿润
8	轻骨料混凝土小砌块	应提前浇水湿润,块体的相对含水率宜为 40% ~50%
9	雨天及小砌块表面有浮水时	不得施工
10	承重墙体使用的小砌块	应完整、无破损、无裂缝
11	小砌块墙体	应孔对孔、肋对肋错缝搭砌
12	单排孔小砌块的搭接长度	应为块体长度的 1/2
13	多排孔小砌块的搭接长度	可适当调整,但不宜小于小砌块长度的 1/3,且不应小于 90mm
14	墙体的个别部位	不能满足上述要求时,应在灰缝中设置拉结钢筋或钢筋网片,但竖向通缝仍不得超过两皮小砌块
15	小砌块	应将生产时的底面朝上反砌于墙上
16	小砌块墙体	宜逐块坐(铺)浆砌筑
17	散热器的卡具安装处砌筑的小砌块 厨房的卡具安装处砌筑的小砌块 卫生间的卡具安装处砌筑的小砌块	宜在施工前用强度等级不低于 C20(或 C_b20)的混凝土将其孔洞灌实
18	每步架墙(柱)砌筑完后	应随即刮平墙体灰缝

(3)芯柱处小砌块墙体砌筑应符合下下列规定:

1)每一楼层芯柱处第一皮砌块应采用开口小砌块。

2)砌筑时应随砌随清除小砌块孔内的毛边,并将灰缝中挤出的砂浆刮净。

(4)芯柱混凝土宜选用专用小砌块灌孔混凝土。浇筑芯柱混凝土应符合下列规定:

1)每次连续浇筑的高度宜为半个楼层,但不应大于 1.8m。

2)浇筑芯柱混凝土时,砌筑砂浆强度应大于 1MPa。

3)清除孔内掉落的砂浆等杂物,并用水冲淋孔壁。

4)浇筑芯柱混凝土前,应先注入适量与芯柱混凝土成分相同的去石砂浆。

5)每浇筑 400 ~500mm 高度捣实一次,或边浇筑边捣实。

（5）小砌块复合夹心墙的砌筑应符合本书第 3.2.1 节表 3-5 第 13 条的规定。

3.3.2　混凝土小型空心砌块砌体工程质量标准

混凝土小型空心砌块砌体工程质量标准见表 3-9。

表 3-9　混凝土小型空心砌块砌体工程质量标准

项目		质量要求	抽检数量	检验方法
主控项目		小砌块和芯柱混凝土、砌筑砂浆的强度等级必须符合设计要求	每一生产厂家，每 1 万块小砌块为一验收批，不足 1 万块按一批计，抽检数量为 1 组；用于多层以上建筑的基础和底层的小砌块抽检数量不应少于 2 组。砂浆试块的抽检数量应执行本书 3.1.4 节第 1 条的有关规定	检查小砌块和芯柱混凝土、砌筑砂浆试块试验报告
		砌体水平灰缝和竖向灰缝的砂浆饱满度，按净面积计算不得低于 90% 每检验批抽查不应少于 5 处用专用百格网检测小砌块与砂浆粘结痕迹，每处检测 3 块小砌块，取其平均值		
		墙体转角处和纵横交接处应同时砌筑。临时间断处应砌成斜槎，斜槎水平投影长度不应小于斜槎高度。施工洞口可预留直槎，但在洞口砌筑和补筑时，应在直槎上下搭砌的小砌块块孔洞内用强度等级不低于 C20（或 C_b 20）的混凝土灌实	每检验批抽查不应少于 5 处	观察检查
		小砌块砌体的芯柱在楼盖处应贯通，不得削弱芯柱截面尺寸；芯柱混凝土不得漏灌	每检验批抽查不应少于 5 处	观察检查
一般项目		砌体的水平灰缝厚度和竖向灰缝宽度宜为 10mm，但不应小于 8mm，也不应大于 12mm	每检验批抽查不应少于 5 处	水平灰缝厚度用尺量 5 皮小砌块的高度折算；竖向灰缝宽度用尺量 2m 砌体长度折算
		小砌块砌体尺寸、位置的允许偏差应按本章表 3-7 的规定执行	—	—

3.4　石砌体工程

3.4.1　一般规定

本节适用于毛石、毛料石、粗料石、细料石等砌体工程。石砌体工程的一般规定见表 3-10。

表 3-10　石砌体工程的一般规定

序　号	情　况	要　求
1	石砌体采用的石材	应质地坚实，无裂纹和无明显风化剥落；用于清水墙的、柱表面的石材，还应色泽均匀；石材的放射性应经检验，其安全性应符合现行国家标准《建筑材料放射性元素限量》GB6566的有关规定
2	石材表面的泥垢、水锈等杂质	砌筑前应清除干净
3	砌筑毛石基础的第一皮石块	应坐浆，并将大面向下
4	砌筑料石基础的第一皮石块	应用丁砌层坐浆砌筑
5	毛石砌体的第一皮及转角处、交接处和洞口处	应用较大的平毛石砌筑
6	毛石砌筑时，对石块间存在较大的缝隙	应向缝内填灌砂浆并捣实，然后再用小石块嵌填，不得先填小石块后填灌砂浆，石块间不得出现无砂浆相互接触现象
7	每个楼层（包括基础）砌体的最上一皮	宜选用较大的毛石砌筑
8	砌筑毛石挡土墙应按分层高度砌筑，并应符合右侧规定	（1）每砌3皮~4皮为一个分层高度，每个分层高度应将顶层石块砌平 （2）两个分层高度间分层处的错缝不得小于80mm
9	料石挡土墙，当中间部分用毛石砌筑时	丁砌料石伸入毛石部分的长度不应小于200mm
10	毛石、毛料石、粗料石、细料石砌体灰缝厚度应均匀，灰缝厚度应符合后侧规定	（1）石砌体外路面的灰缝厚度不宜大于40mm （2）毛料石和细料石的灰缝厚度不宜大于20mm （3）细料石的灰缝厚度不宜大于5mm
11	挡土墙的泄水孔当设计无规定时，施工应符合右侧规定	（1）泄水孔应均匀设置，在每米高度上间隔2m左右设置一个泄水孔 （2）泄水孔与土体间铺设长宽各为300m、厚200mm的卵石或碎石作疏水层
12	挡土墙内侧回填土	必须分层夯填，分层松土厚度宜为300mm
13	挡土墙墙顶土面	应有适当坡度使流水流向挡土墙外侧面
14	在毛石和实心砖的组合墙中毛石砌体与转砌体	应同时砌筑，并每隔4~6皮砖用2~3皮丁砖与毛石砌体拉结砌合；两种砌体间的空隙应填实砂浆
15	毛石墙和砖墙相接的转角处和交接处	应同时砌筑
16	转角处、交接处	应自纵墙（或横墙）每隔4~6皮砖高度引出不小于120mm与横墙（或纵墙）相接

3.4.2　石砌体工程质量标准

石砌体工程质量标准见表 3-11。

表 3-11　石砌体工程质量标准

项目	质量要求	抽检数量	检验方法
主控项目	石材及砂浆强度等级必须符合设计要求	同一产地的同类石材抽检不应少于1组。砂浆试块的抽检数量执行本书3.1.4 第 1 条的有关规定	料石检查产品质量证明书，石材、砂浆检查试块试验报告
	砌体灰缝的砂浆饱满度不应小于 80%	每检验批抽查不应少于 5 处	观察检查
一般项目	石砌体尺寸、位置的允许偏差及检验方法应符合表 3-12 的规定	每检验批抽查不应少于 5 处	见表 3-12
	石砌体的组砌形式要内外搭砌，上下错缝，拉结石、丁砌石交错设置；并且毛石墙拉结石每 0.7m² 墙面不应少于 1 块	每检验批抽查不应少于 5 处	观察检查

表 3-12　石砌体尺寸、位置的允许偏差及检验方法　　　（单位：mm）

项次	项目		允许偏差							检验方法
			毛石砌体		料石砌体					
					毛料石		粗料石		细料石	
			基础	墙	基础	墙	基础	墙	墙、柱	
1	轴线位置		20	15	20	15	15	10	10	用经纬仪和尺检查，或用其他测量仪器检查
2	基础和墙砌体顶面标高		±25	±15	±25	±15	±15	±15	±10	用水准仪和尺检查
3	砌体厚度		+30	+20 −10	+30	+20 −10	+15	+10 −5	+10 −5	用尺检查
4	墙面垂直度	每层	—	20	—	20	—	10	7	用经纬仪、吊线和尺检查或用其他测量仪器检查
		全高	—	30	—	20	—	25	10	
5	表面平整度	清水墙、柱	—	—	—	20	—	10	5	细料石用 2m 靠尺和楔形塞尺检查，其他用两直尺垂直于灰缝拉 2m 线和尺检查
		混水墙、柱	—	—	—	20	—	15	—	
6	清水墙水平灰缝平直度		—	—	—	—	—	10	5	拉 10m 线和尺检查

3.5　配筋砌体工程

3.5.1　一般规定

（1）配筋砌体工程除应满足本节要求和规定外，还应符合本书第 3.2 节和第 3.3 节的规定。

（2）施工配筋小砌块砌体剪力墙，应采用专用的小砌块砌筑砂浆砌筑，专用小砌块灌孔混凝土浇筑芯柱。

（3）设置在灰缝内的钢筋，应居中置于灰缝内，水平灰缝厚度应大于钢筋直径 4mm 以上。

3.5.2　配筋砌体工程质量标准

配筋砌体工程质量标准见表 3-13。

表 3-13　配筋砌体工程质量标准

项目	质量要求	抽检数量	检验方法	合格标准
主控项目	（1）钢筋的品种、规格、数量和设置部位应符合设计要求	—	检查钢筋的合格证书、钢筋性能复试试验报告、隐蔽工程记录	—
	（2）构造柱、芯柱、组合砌体构件、配筋砌体剪力墙构件的混凝土及砂浆的强度等级应符合设计要求	每检验批砌体，试块不应少于 1 组，验收批砌体试块不得少于 3 组	检查混凝土和砂浆试块试验报告	—
	（3）构造柱与墙体的连接应符合下列规定： ①墙体应砌成马牙槎，应先退后进，对称砌筑；马牙槎尺寸偏差每一构造柱不应超过 2 处 ②预留拉结钢筋的规格、尺寸、数量及位置应正确，且竖向位移每一构造柱不得超过 2 处 ③施工中不得任意弯折拉结钢筋	每检验批抽查不应少于 5 处	观察检查和尺量检查	马牙槎凹凸尺寸不宜小于 600mm，高度不应超过 300mm，拉结钢筋应沿墙高度每隔 500mm 设 2Φ6，伸入墙内不宜小于 600mm，钢筋竖向位移不应超过 100mm。钢筋竖向位移和马牙槎尺寸偏差每一构造柱不应超过 2 处
	（4）配筋砌体中受力钢筋的连接方式及锚固长度、搭接长度应符合设计要求	每检验批抽查不应少于 5 处	观察检查	—

（续）

项目	质量要求	抽检数量	检验方法	合格标准
一般项目	（1）构造柱一般尺寸允许偏差应符合表3-14的规定	每检验批抽查不应少于5处	见表3-14	—
	（2）设置在砌体灰缝中钢筋的防腐保护应符合设计规定，且钢筋防护层完好	每检验批抽查不应少于5处	观察检查	不应有肉眼可见裂纹、剥落和擦痕等缺陷
	（3）网状配筋砖砌体中，钢筋网规格及放置间距应符合设计规定	每检验批抽查不应少于5处	通过钢筋网成品检查钢筋规格，钢筋放置间距采用局部剔缝观察，或用探针刺入灰缝内检查，或用钢筋位置测定仪测定	每一构件钢筋网沿砌体高度位置超过设计规定一皮砖厚不得多于一处
	（4）钢筋安装位置的允许偏差见表3-15的规定	每检验批抽查不应少于5处	见表3-15	—

表3-14　构造柱一般尺寸允许偏差及检验方法

项次	项目			允许偏差/mm	检验方法
1	中心线位置			10	用经纬仪和尺检查或用其他测量仪器检查
2	层间错位			8	用经纬仪和尺检查或用其他测量仪器检查
3	垂直度	每层		10	用2m托线板检查
		全高	≤10m	15	用经纬仪、吊线和尺检查或用其他测量仪器检查
			>10m	20	

表3-15　钢筋安装位置的允许偏差和检验方法

项目		允许偏差/mm	检验方法
受力钢筋保护层厚度	网状配筋砌体	±10	检查钢筋网成品，钢筋网放置位置局部剔缝观察，或用探针刺入灰缝内检查，或用钢筋位置测定仪测定
	组合砖砌体	±5	支模前观察与尺量检查
	配筋小砌块砌体	±10	浇筑灌孔混凝土前观察与尺量检查
配筋小砌块砌体墙凹槽中水平钢筋间距		±10	钢尺量连续三档，取最大值

3.6　填充墙砌体工程

3.6.1　填充墙砌体常用块体材料及要求

1. 砌体工程规定

本节适用于烧结空心砖、蒸压加气混凝土砌块、轻骨料混凝土小型空心砌块等填充墙砌体工程。其中填充墙砌体工程的规定见表 3-16。

表 3-16　填充墙砌体工程的规定

序号	情　　　况		要　　　求
1	砌筑填充墙时		轻骨料混凝土小型空心砌块和蒸压加气混凝土砌块的产品龄期不应小于 28d，蒸压加气混凝土砌块的含水率宜小于 30%
2	烧结空心砖、蒸压加气混凝土砌块、轻骨料混凝土小型空心砌块等	运输、装卸过程中	严禁抛掷和倾倒
		进场后	应按品种、规格堆放整齐，堆置高度不宜超过 2m
		蒸压加气混凝土砌块	在运输及堆放中应防止淋雨
3	吸水率较小的轻骨料混凝土小型空心砖块及采用薄灰砌筑法施工的蒸压加气混凝土砌块		砌筑前不应对其浇（喷）水湿润；在气候干燥炎热的情况下，对吸水率较小的轻骨料混凝土小型空心砖砌块宜在砌筑前喷水湿润
4	采用普通砌筑砂浆砌筑填充墙时	烧结空心砖、吸水率较大的轻骨料混凝土小型空心砌块	应提前 1 ~ 2d 浇（喷）水湿润
		蒸压加气混凝土砌块采用蒸压加气混凝土砌块砌筑砂浆或普通砌筑砂浆砌筑时	应在砌筑当天对砌块砌筑面喷水湿润。块体湿润程度宜符合下列规定： （1）烧结空心砖的相对含水率 60% ~ 70% （2）吸水率较大的轻骨料混凝土小型空心砌块、蒸压加气混凝土砌块的相对含水率 40% ~ 50%
5	厨房、卫生间、浴室等处采用轻骨料混凝土小型空心砌块、蒸压加气混凝土砌块砌筑墙体时		墙底部宜现浇混凝土坎台，其高度宜为 150mm
6	填充墙拉结筋处的下皮小砌块		宜采用半盲孔小砌块或用混凝土灌实孔洞的小砌块
7	薄灰砌筑法施工的蒸压加气混凝土砌块砌体		拉结筋应放置在砌块上表面设置的沟槽内
8	蒸压加气混凝土砌块、轻骨料混凝土小型空心砌块		不应与其他块体混砌，不同强度等级的同类块体也不得混砌。注：窗台处和因安装门窗需要，在门窗洞口处两侧填充墙上、中、下部可采用其他块体局部嵌砌；对与框架柱、梁不脱开方法的填充墙，填塞填充墙顶部与梁之间缝隙可采用其他块体
9	填充墙砌体砌筑		应待承重主体结构检验批验收合格后进行。填充墙与承重主体结构间的空（缝）隙部位施工，应在填充墙砌筑 14d 后进行

2. 小砌块的配套规格（表3-17）

表 3-17　小砌块的配套规格　　　　　　　　　　（单位：mm）

块宽系列	规格编号	代号	规格尺寸 长×宽×高	块型示意图
190 宽度系列配套块	C222a	C22a	190×190×190	
	C221a	C21a	190×190×90	
	C322a	C32a	290×190×190	
	C321a	C31a	290×190×90	
	C322b	C32b	290×190×190	
	C321b	C31b	290×190×90	
	C422a	C42a	390×190×190	
	C421a	C41a	390×190×90	
	C422b	C42b	390×190×190	
	C421b	C41b	390×190×90	

注：凹槽设块型中间时，a_i 单筋时为 50，双筋时为 100。当凹槽设在块形端部时，分别为 20 或 45。

（续）

块宽系列	规格编号	代号	规格尺寸 长×宽×高	块型示意图
240 宽度 系列配套块	C2［2.5］2a	C22a	190×240×190	
	C2［2.5］1a	C21a	190×240×90	
	C3［2.5］2a	C32a	290×240×190	
	C3［2.5］1a	C31a	290×240×90	
	C3［2.5］2b	C32b	290×240×190	
	C3［2.5］1b	C31b	290×240×90	
	C4［2.5］2a	C42a	390×240×190	
	C4［2.5］1a	C41a	390×240×90	
	C4［2.5］2b	C42b	390×240×190	
	C4［2.5］1b	C41b	390×240×90	

注：a_i 单筋时为 50，双筋时为 100。

（续）

块宽系列	规格编号	代号	规格尺寸 长×宽×高	块型示意图
	C232a	C22a	190×290×190	
	C231a	C21a	190×290×90	
	C332a	C32a	290×290×190	
290 宽度 系列配套块	C331a	C31a	290×290×90	
	C332b	C32b	290×290×190	
	C331b	C31b	290×290×90	
	C432a	C42a	390×290×190	
	C431a	C41a	390×290×90	
	C432b	C42b	390×290×190	
	C431 b	C41b	390×290×90	

注：a_i 单筋时为 50，双筋时为 100。

（续）

砌块系列	规格编号	代号	规格尺寸 长×宽×高	块型示意图
190 宽度系列配套块	X222	X22	190×190×190	
	X221	X21	190×190×90	
	X322	X32	290×190×190	
	X321	X31	290×190×90	
	X422	X42	390×190×190	
	X421	X41	390×190×90	

注：相应宽度的小砌块主规格系列详见国标 05SG616《混凝土砌块系列块型》。

（续）

砌块系列	规格编号	代号	规格尺寸 长×宽×高	块型示意图
240 宽度 系列配套块	X2〔2.5〕2	X22	190×240×190	
	X2〔2.5〕1	X21	190×240×90	
	X3〔2.5〕2	X32	290×240×190	
	X3〔2.5〕1	X31	290×240×90	
	X4〔2.5〕2	X42	390×240×190	
	X4〔2.5〕1	X41	390×240×90	

注：相应宽度的小砌块主规格系列详见国标05SG616《混凝土砌块系列块型》。

（续）

砌块系列	规格编号	代号	规格尺寸 长×宽×高	块型示意图
290 宽度系列配套块	X232	X22	190×290×190	
	X231	X21	190×290×90	
	X332	X32	290×290×190	
	X331	X31	290×290×90	
	X432	X42	390×290×190	
	X431	X41	390×290×90	

注：相应宽度的小砌块主规格系列详见国家标准《混凝土砌块系列块型》05SG616。

3. 加气砌块配套规格表（表3-18）

表3-18 加气砌块配套规格表　　　　　　　　（单位：mm）

砌块系列	规格编号	代号	规格尺寸 长×宽×高	块型示意图
加气砌块配套系列	J6		600×d×h	
	J3		300×d×h	

（续）

砌块系列	规格编号	代号	规格尺寸 长×宽×高	块型示意图
加气砌块 配套系列	J6a		600×d×h	
	J6b		600×d×h	
	J2		200×d×h	
	TJa		(d−80)×35×h	
	TJb		(d−80)×70×h	

注：加气砌块的宽度、高度见表 3-19，加气砌块槽口尺寸可按排块图要求均通过切割加工。

表 3-19　加气砌块的宽度、高度　　　　　　（单位：mm）

公称尺寸	有槽砌块	无槽砌块
长度（L）	600	600
厚度（B）	150、175、200、250、300	100、150、175、200、250、300
高度（H）	200、250、300	200、250、300

注：1. 当施工需要其他规格时，可在现场按实际需要切割。

　　2. 砌块的实际长度宜按负公差控制，即 L-4mm。

　　3. 为确保加气砌块和抹灰材料的粘结性，防止加气砌块外表面脱模剂引起砌体开裂、抹灰空鼓等工程缺陷，加气砌块不得有未切割面，且切割面不得有鱼鳞状附着屑。

3.6.2　填充墙砌体工程质量标准

1. 填充墙砌体工程质量验收规定见表3-20

表 3-20　填充墙砌体工程质量验收规定

项目	质量要求	抽检数量	检验方法
主控项目	烧结空心砖、小砌块和砌筑砂浆的强度等级应符合设计要求	烧结空心砖每 10 万块为一验收批，小砌块每 1 万块为一验收批，不足上述数量时按一批计，抽检数量为 1 组。砂浆试块的抽检数量执行本书第 3.1.4 第 1 条的有关规定	查砖、小砌块进场复验报告和砂浆试块试验报告
	填充墙砌体应与主体结构可靠连接，其连接构造应符合设计要求，未经设计同意，不得随便改变连接构造方法。每一填充墙与柱的拉结筋的位置超过一皮块体高度的数量不得多于一处	每检验批抽查不应少于 5 处	观察检查
	填充墙与承重墙、柱、梁的连接钢筋选用见表3-21，当采用化学植筋的连接方式时，应进行实体检测。锚固钢筋拉拔试验的轴向受拉非破坏承载力检验值应为 6.0kN。抽检钢筋的检验值作用下应基材无裂缝、钢筋无滑移宏观裂损现象；持荷 2min 期间荷载值降低不大于 5%。检验批验收可按表3-22 通过正常检验一次、二次抽样判定。填充墙砌体植筋锚固检测记录可按表3-23 填写	按表3-24 确定	原位试验检查
一般项目	填充墙砌体尺寸、位置的允许偏差应符合表3-25 的规定	每检验批抽查不应少于 5 处	见表3-25
	填充墙砌体的砂浆饱满度应符合表3-26 的规定	每检验批抽查不应少于 5 处	见表3-26
	填充墙留置的拉结钢筋或网片（见图3-4）的位置应与块体皮数相符合。拉结钢筋或网片置于灰缝中，埋置长度应符合设计要求，竖向位置偏差不应超过一皮高度	每检验批抽查不应少于 5 处	观察和用尺量检查
	砌筑填充墙时应错缝搭砌（全包框架外墙Ⅰ型、Ⅱ型柱砌块排列见图3-5 和图3-6），蒸压加气混凝土砌块搭砌长度不应小于砌块长度的1/3；轻骨料混凝土小型空心砌块搭砌长度不应小于 90mm；竖向通缝不应大于 2 皮	每检验批抽查不应少于 5 处	观察检查
	填充墙的水平灰缝厚度和竖向灰缝宽度应正确，烧结空心砖、轻骨料混凝土小型空心砌块砌体的灰缝应为 8～12mm；蒸压加气混凝土砌块砌体当采用水泥砂浆、水泥混合砂浆或蒸压加气混凝土砌块砌筑砂浆时，水平灰缝厚度和竖向灰缝宽度不应超过 15mm；当蒸压加气混凝土砌块砌体采用蒸压加气混凝土砌块粘结砂浆时，水平灰缝厚度和竖向灰缝宽度宜为 3～4mm	每检验批抽查不应少于 5 处	水平灰缝厚度用尺量 5 皮小砌块的高度折算；竖向灰缝宽度用尺量 2m 砌体长度折算

表 3-21　填充墙组合柱钢筋选用表　　　　　　（单位：mm²）

w_0/ (kN/m²)	H_i/m ＼ H/m	20	30	40	50	60	≤8度	柱钢筋总根数
0.4	3.0	18	23	27	31	34	67	2 Φ 10
	3.5	29	36	42	47	51	75	
	4.0	42	50	59	65	71	76	2 Φ 12
	4.5	57	68	78	86	94	77	
0.5	3.0	22	29	34	39	43	67	2 Φ 10
	3.5	36	45	53	59	64	75	
	4.0	52	63	74	81	89	76	2 Φ 12
	4.5	71	85	98	107	117	77	2 Φ 12
0.6	3.0	31	40	47	52	57	76	2 Φ 10
	3.5	49	60	69	76	83	75	2 Φ 12
	4.0	69	83	95	105	113	76	2 Φ 12
	4.5	92	109	125	137	147	77	4 Φ 10

注：1. H、H_i 分别为建筑物高和层高。

　　2. 外墙重按 1.81kN/m²，截面按 190mm 厚计算，内墙重按 1.2kN/m²，截面按 120～140mm 厚。

　　3. 表中钢筋根数也可根据表中钢筋面积选用钢筋规格，但每侧不应小于 1 Φ 10。

　　4. 填充内墙柱的钢筋每侧不小于 1 Φ 10。

　　5. 超出本表范围时按 10SG614-2《砌体填充墙构造详图（二）与主体结构柔性连接》图集规定的原则确定填充墙组合柱的配筋。

表 3-22　正常抽样的判定

（一）正常一次性抽样的判定

样本容量	合格判定数	不合格判定数	样本容量	合格判定数	不合格判定数
5	0	1	20	2	3
8	1	2	32	3	4
13	1	2	50	5	6

（二）正常二次性抽样的判定

抽样次数与样本容量	合格判定数	不合格判定数	抽样次数与样本容量	合格判定数	不合格判定数
（1）－5	0	2	（1）－20	1	3
（2）－10	1	2	（2）－40	3	4
（1）－8	0	2	（1）－32	2	5
（2）－16	1	2	（2）－64	6	7
（1）－13	0	2	（1）－50	3	6
（2）－26	3	4	（2）－100	9	10

注：表 3-22 应用参照现行国家标准《建筑结构检测技术标准》GB/T 50344—2004 第 3.3.14 条条文说明。

表3-23 填充墙砌体植筋锚固力检测记录表

工程名称		分项工程名称			植筋	
施工单位		项目经理			日期	
分包单位		施工班组组长			检测	
检测执行标准及编号					日期	

试件编号	实测荷载/kN	检测部位		检测结果	
		轴线	层	完好	不符合要求情况

监理（建设）单位验收结论	

备 注	1. 植筋埋置深度（设计）：　　　mm 2. 设备型号： 3. 基材混凝土设计强度等级为（C 　） 4. 锚固钢筋拉拔承载力检验值：6.0kN

复核：　　　　　　检测：　　　　　　记录：

表3-24 检验批抽验锚固钢筋样本最小容量

检验批的容量	样本最小容量	检验批的容量	样本最小容量
≤90	5	281~500	20
检验批的容量	样本最小容量	检验批的容量	样本最小容量
91~150	8	501~1200	32
151~280	13	1201~3200	50

表3-25 填充墙砌体尺寸、位置的允许偏差及检验方法

项次	项 目		允许偏差/mm	检验方法
1	轴线位移		10	用尺检查
2	垂直度（每层）	≤3m	5	用2m托线板或吊线、尺检查
		>3m	10	
3	表面平整度		8	用2m靠尺和楔形尺检查
4	门窗洞口高、宽（后塞口）		±10	用尺检查
5	外墙上、下窗口偏移		20	用经纬仪或吊线检查

表 3-26　填充墙砌体的砂浆饱满度及检验方法

砌体分类	灰缝	饱满度及要求	检验方法
空心砖砌体	水平	≥80%	采用百格网检查块体底面或侧面砂浆的粘结痕迹面积
	垂直	填满砂浆、不得有透明缝、瞎缝、假缝	
蒸压加气混凝土砌块、轻骨料混凝土小型空心砌块砌体	水平	≥80%	
	垂直	≥80%	

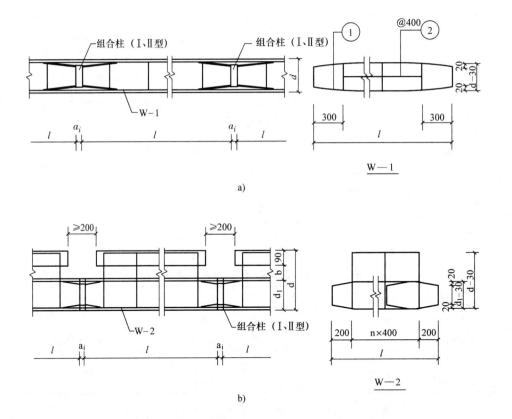

a)

b)

图 3-4　填充墙拉结网片

a）组合柱填充墙　b）夹心保温填充墙

注：1. 填充墙拉结网片采用冷轧带肋钢筋（ϕ^R）或冷拔低碳钢丝（ϕ^b）制作，钢筋直径不小于 $\phi4 \sim \phi5$。

　　2. 当直径为 $\phi4$ 时，网片可采用焊接；大于 $\phi4$ 时，纵横筋宜采用平焊加工，网片的焊接质量应符合有关规范的规定。

　　3. 焊接网片应设置在填充墙的灰缝中，否则应采用防腐涂层处理。

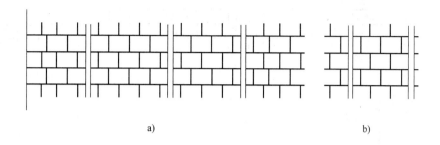

a)   b)

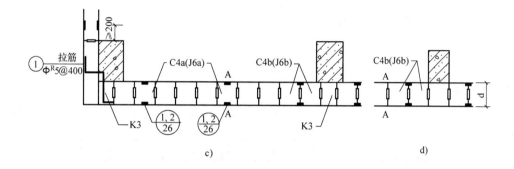

c)   d)

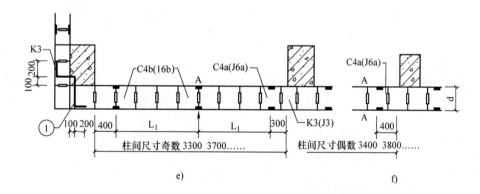

e)   f)

图 3-5 全包框架外墙 I 型柱砌块排列

a) 立面排列示例（一） b) 立面排列示例（二）

c) 偶数皮平面排列（一） d) 偶数皮平面排列（二）

e) 奇数皮平面排列（一） f) 奇数皮平面排列（二）

注：1. 图中 L_1 按≤2.5m 控制，且宜为块体主规格长度的倍数。

2. 本图以混凝土小砌块和加气砌块（包括内）为例，未标注代号的砌块为墙厚 d 对应的小砌块主规格块 K4 和加气块 J6，填充墙厚不宜小于 190，内墙不宜小于 120。

3. 图中 K2、K3、K4 详见国家标准 05SG616 图集，C3、C4 块型 a 或 b 见本书表 3-17，J2～J6 块型见本书表 3-18。

4. 当墙体中有门窗洞口时，洞口宽度及两侧的墙体长度均宜符合 1M。墙段长度不应小于 600mm，且应有组合砌体柱。

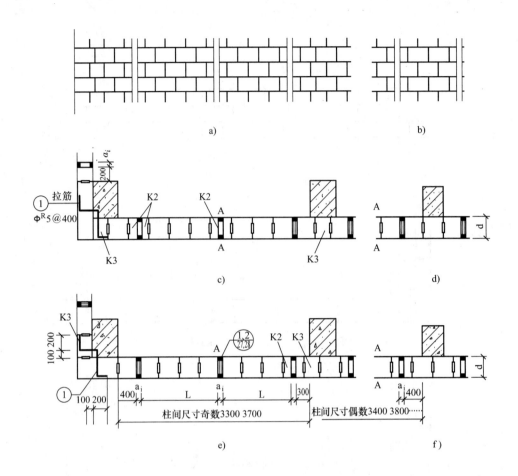

图 3-6 全包框架外墙 Ⅱ 型柱砌块排列

a) 立面排列示例（一）　b) 立面排列示例（二）

c) 偶数皮平面排列（一）　d) 偶数皮平面排列（二）

e) 奇数皮平面排列（一）　f) 奇数皮平面排列（二）

注: 1. 本图为填充墙全包框架柱的示例。

2. 框架柱及柱间的尺寸宜符合 1M 或 2M，L 按 ≤2.5M 控制，外墙 d 不宜小于 190。

3. 图中小砌块规格详见国家标准 05SG616 图集。

2. 填充墙允许计算高度见表 3-27

表 3-27　填充墙允许计算高度 H_0　　　　　　　（单位：m）

类别	h/（mm）	bs/s									砂浆强度等级
		0.00	0.10	0.20	0.30	0.40	0.50	0.60	0.70	0.75	
a	120	4.15	3.99	3.82	3.65	3.49	3.32	3.15	2.99	2.91	M5 或 Mb5
	140	4.70	4.51	4.32	4.14	3.95	3.76	3.57	3.38	3.29	
	190	5.93	5.69	5.46	5.22	4.98	4.74	4.51	4.27	4.15	
	240	6.91	6.63	6.36	6.08	5.80	5.53	5.25	4.98	4.84	

（续）

类别	h/（mm）	bs/s									砂浆强度等级
		0.00	0.10	0.20	0.30	0.40	0.50	0.60	0.70	0.75	
b	120	4.32	4.15	3.97	3.80	3.63	3.46	3.28	3.11	3.02	M5 或 Mb5
	140	5.04	4.94	4.64	4.44	4.23	4.03	3.83	3.63	2.53	
	190	6.84	6.57	6.29	6.02	5.95	5.47	5.20	4.92	4.79	
	240	8.64	8.29	7.95	7.60	7.26	6.91	6.57	6.22	6.05	

注：1. 表中类别 a 为墙厚 < H/30，$[\beta]$ = 24；b 为墙厚 ≥ H/30，$[\beta]$ = 30；H 为墙高（m）。

　　2. 墙的计算高度：填充墙与框架柱连接采用 A 方案（见本书附录 E）时，按下部固端上部铰支见图，即取 $H = 1.0H_0$；采用 B 方案（见本书附录 E）时，按周边有拉结的简图。

　　3. 墙体的允许计算高度按下式计算：

$$H_0 \leq \mu_1\mu_2[\beta]h$$

式中　μ_1——自承重墙允许高厚比修正系数；

　　　μ_2——有门窗洞口允许高厚比的修正系数；

　　　$[\beta]$——墙的允许高厚比。

　　4. 表中 s 为相邻窗间墙或组合柱的间距，bs 是在宽度 s 范围内的门窗洞口总宽度。

3.7　砌体结构季节性施工

3.7.1　冬季施工

当室外日平均气温连续 5d 稳定低于 5℃时，砌体工程应采取冬期施工措施。气温根据当地气象资料确定。冬期施工期限以外，当日最低气温低于 0℃时，也应按冬期施工的有关规定执行。

1. 冬期施工的特点

冬期施工有以下特点：

（1）冬期施工期是质量事故多发期。在冬期施工中，长时间的持续负低温、大的温差、强风、降雪和反复冰冻，经常造成建筑施工的质量事故。

（2）冬期施工质量事故发现滞后性。冬期发生质量事故往往不易觉察，到春天解冻时，一系列质量问题才暴露出来。这种事故的滞后性给处理解决质量事故带来很大的困难。

（3）冬期施工的计划性和准备工作时间性很强。冬期施工时，常由于时间紧促，仓促施工，发生质量事故。

2. 冬期施工的准备工作

为了保证冬期施工的质量，砌筑工程在冬期施工前应做好以下准备工作：

（1）搜集有关气象资料作为选择冬期施工技术措施的依据。

（2）进入冬期施工前一定要编制好冬期施工技术文件，它包括：

1）冬期施工方案：

① 冬期施工生产任务安排及部署。根据冬期施工项目、部位，明确冬期施工中前期、中期、后期的重点及进度计划安排。

② 根据冬期施工项目、部位列出可考虑的冬期施工方法及执行的国家有关技术标准文件。

③ 热源、设备计划及供应部署。

④ 施工材料（保温材料、外加剂等）计划进场数量及供应部署。

⑤ 劳动力计划。

⑥ 冬期施工人员的技术培训计划。

⑦ 工程质量控制要点。

⑧ 冬期施工安全生产及消防要点。

2）施工技术措施：

① 工程任务概况及预期达到的生产指标。

② 工程项目的实物量和工作量，施工程序，进度安排。

③ 分项工程在各冬期施工阶段的施工方法及施工技术措施。

④ 施工现场准备方案及施工进度计划。

⑤ 主要材料、设备、机具和仪表等的需要量计划。

⑥ 工程质量控制要点及检查项目、方法。

⑦ 冬期安全生产和防火措施。

⑧ 各项经济技术控制指标及节能、环保等措施。

（3）凡进行冬期施工的工程项目，必须会同设计单位复核施工图样，核对其是否能适应冬期施工要求，如有问题应及时提出并修改设计。

（4）根据冬期施工的工程量，要提前准备好施工的设备、机具、材料及劳动防护用品。

（5）冬期施工前对配制外掺剂的人员、测量保温人员、锅炉工等，应专门组织技术培训，经考核合格后方准上岗。

3. 冬期施工规定见表 3-28

表 3-28　冬期施工的规定

序号	情　况	要　求
1	用于清水墙、柱表面的砖	边角要整齐，色泽均匀
2	砌体砌筑	混凝土多孔砖、混凝土实心砖、蒸压灰砂砖、蒸压粉煤灰砖等块体的产品龄期不应小于 28d
3	有冻胀环境和条件的地区	应在未冻的地基上砌筑，并应防止在施工期间和回填前地基受冻
4	冬期施工中砖、小砌块浇（喷）水湿润应符合右侧规定	（1）烧结普通砖、烧结多孔砖、蒸压灰砂砖、蒸压粉煤灰砖、烧结空心砖、吸水率较大的轻骨料混凝土小型空心砌块在气温高于 0℃ 条件下砌筑时，应浇水湿润；在气温低于、等于 0℃ 条件砌筑时，可不浇水，但必须增大砂浆稠度 （2）普通混凝土小型空心砌块、混凝土多孔砖、混凝土实心砖及采用薄灰砌筑法的蒸压加气混凝土砌块施工时，不应对其浇（喷）水湿润 （3）抗震设防烈度为 9 度的建筑物，当烧结普通砖、烧结多孔砖、蒸压粉煤灰砖、烧结空心砖无法浇水湿润时，如无特殊措施，不得砌筑
5	拌和砂浆时	水的温度不得超过 80℃，砂的温度不得超过 40℃

（续）

序号	情　况	要　求
6	采用砂浆掺外加剂法、暖棚法施工时	砂浆使用温度不应低于5℃
7	采用暖棚法施工	块体在砌筑时的温度不应低于5℃，距离所砌的结构底面0.5M处的棚内温度也不应低于5℃
8	在暖棚内的砌体养护时间	应根据暖棚内温度，按表3-29确定
9	采用外加剂法配制的砌筑砂浆，当设计无要求，且最低气温等于或低于 −15℃时	砂浆强度等级应较常温施工提高一级
10	配筋砌体	不得采用掺氯盐的砂浆施工

表 3-29　暖棚法砌体的养护时间

暖棚的温度/℃	5	10	15	20
养护时间/d	≥6	≥5	≥4	≥3

3.7.2　砌体结构雨期施工措施

雨期施工时，气候闷热而潮湿，砖内本身含有大量水分，又兼雨水淋泡，给砌体砌筑带来较大困难。水分过大的砖砌到墙上后。砖体内的水分溢出，使砂浆产生流淌，砌体在自重的影响下容易产生滑动，影响到砌体结构质量。所以雨期施工时，对进场的砖块应该加以遮盖，同时适当减少砂浆的稠度；施工现场重点应解决好载水和排水问题。载水是在施工现场的上游设载水沟，阻止场外水流入施工现场。雨期施工时，排水是在施工现场内合理规划排水系统，并修建排水沟，使雨水按要求排到场外，同时也要注意排除场地的积水，以免积水进入砖块内。

1. 雨期施工特点

（1）雨期施工的开始具有突然性。由于暴雨山洪等恶劣气象往往不期而至，这就需要雨期施工的准备和防范措施及早进行。

（2）雨期施工带有突击性。因为雨水对建筑建构和地基基础的冲刷或浸泡具有严重的破坏性，必须迅速及时地防护，才能避免给工程造成损失。

（3）雨期往往持续时间很长，阻碍了工程（主要包括土方工程、屋面工程）顺利进行，拖延工期。所以要做好合理安排。

2. 雨期施工要求

（1）编制施工组织计划时，要根据雨期施工的特点，将不宜雨期施工的工程提前或拖后安排、对那些必须在雨期施工的分项工程要制定有效的措施，从而便于雨期的突击施工。

（2）合理进行施工安排。做到晴天抓紧室外工作，雨天安排室内工作，尽量减少雨天室外工作。

（3）密切的注意气象预报，做好抗台防汛等的准备工，必要的时候应及时地加固在建的工程。

（4）做好建筑材料防雨防潮工作。

3. 雨期施工准备

（1）现场排水。施工现场的道路、设施必须做到排水畅通，尽量做到雨停水干，做好对危石的处理。

（2）应做好原材料、成品、半成品的防雨工作。

（3）在雨期前应做好施工现场房屋、设备的排水防雨措施。

（4）备足排水需用的水泵及有关器材，贮备适量的塑料布、油毡等防雨材料。

（5）修建排水沟，水沟的横断面和纵向坡度应按照施工期最大流量确定。

3.8　子分部工程验收的一般规定

（1）砌体工程验收前，应提供下列文件和记录：

1）设计变更文件。

2）施工执行的技术标准。

3）原材料出厂合格证书、产品性能检测报告和进场复验报告。

4）混凝土及砂浆配合比通知单。

5）混凝土及砂浆试件抗压强度试验报告单。

6）砌体工程施工记录。

7）隐蔽工程验收记录。

8）分项工程检验批的主控项目、一般项目验收记录。

9）填充墙砌体植筋锚固力检测记录。

10）重大技术问题的处理方案和验收记录。

11）其他必要的文件和记录。

（2）砌体子分部工程验收时，应对砌体工程的观感质量作出总体评价。

（3）当砌体工程质量不符合要求时，应按现行国家标准《建筑工程施工质量验收统一标准》GB50300 有关规定执行。

（4）有裂缝的砌体应按下列情况进行验收：

1）对不影响结构安全性的砌体裂缝，应予以验收，对明显影响使用功能和观感质量的裂缝，应尽心处理。

2）对有可能影响安全性的砌体裂缝，应由有资质的检测单位检测鉴定，需返修或加固处理的，待返修或加固处理满足使用要求后进行二次验收。

附录 A   石材的规格尺寸及其强度等级的确定方法

A. 0. 1   石材按其加工后的外形规则程度,可分为料石和毛石,并应符合下列规定:

(1)料石:

1)细料石:通过细加工,外表规则,叠砌面凹入深度不应大于 10mm,截面的宽度、高度不宜小于 200mm,且不宜小于长度的 1/4。

2)粗料石:规格尺寸同上,但叠砌面凹入深度不应大于 20mm。

3)毛料石:外形大致方正,一般不加工或仅稍加修整,高度不应小于 200mm,叠砌面凹入深度不应大于 25mm。

(2)毛石:形状不规则,中部厚度不应小于 200mm。

A. 0. 2   石材的强度等级,可用变成为 70mm 的立方体试块的抗压强度表示。抗压强度取三个试件破坏强度的平均值。试件也可采用附表 A 所列边长尺寸的立方体,但应对其试验结果乘以相应的换算系数后方可作为石材的强度等级。

附表 A   石材强度等级的换算系数

立方体边长/mm	200	150	100	70	50
换算系数	1. 43	1. 28	1. 14	1	0. 86

A. 0. 3   石砌体中的石材应选用无明显风化的天然石材。

附录 B 刚弹性方案房屋的静力计算方法

水平荷载（风荷载）作用下，刚弹性方案房屋墙、柱内力分析可按以下方法计算，并将两步结果叠加，得出最后内力：

（1）在平面计算简图中，各层横梁与柱连接处加水平铰支干，计算其在水平荷载（风荷载）作用下无侧移时的内力与各支杆反力 R_i（附图 B a））。

（2）考虑房屋的空间作用，将各支杆反力 R_i 乘以由表 2-37 查得的相应空间性能影响系数 η_i，并反向施加于节点上，计算其内力（附图 B b））

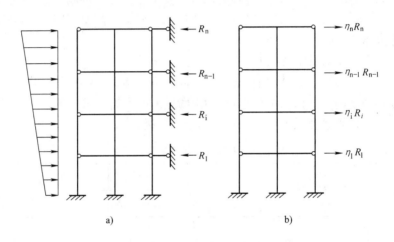

附图 B 刚弹性方案房屋的静力计算简图

附录 C 各类砌体强度平均值的计算公式和强度标准

C.0.1 各类砌体的强度平均值应符合下列规定：

（1）各类砌体的轴心抗压强度平均值应按附表 C-1 中计算公式确定。

附表 C-1 轴心抗压强度平均值 f_m （单位：MPa）

砌体种类	$f_m = k_1 f_1^a (1 + 0.07 f_2) k_2$		
	k_1	a	k_2
烧结普通砖、烧结多孔砖、蒸压灰砂普通砖、蒸压粉煤灰普通砖、混凝土普通砖、混凝土多孔砖	0.78	0.5	当 $f_2 < 1$ 时，$k_2 = 0.6 + 0.4 f_2$
混凝土砌块、轻集料混凝土砌块	0.46	0.9	当 $f_2 = 0$ 时，$k_2 = 0.8$
毛料石	0.79	0.5	当 $f_2 < 1$ 时，$k_2 = 0.6 + 0.4 f_2$
毛石	0.22	0.5	当 $f_2 < 2.5$ 时，$k_2 = 0.4 + 0.24 f_2$

注：1. k_2 在表列条件以外时均等于 1。

2. 式中 f_1 为块体（砖、石、砌块）的强度等级值；f_2 为砂浆抗压强度平均值，单位均为 MPa 计。

3. 混凝土砌块砌体的轴心抗压强度平均值，当 $f_2 > 10$MPa 时，应乘以系数 $1.1 - 0.01 f_2$，MU20 的砌体应乘以系数 0.95，且满足 $f_1 \geqslant f_2$，$f_1 \leqslant 20$MPa。

（2）各类砌体的轴心抗拉强度平均值、弯曲抗拉强度平均值和抗剪强度平均值应按附表 C-2 中计算公式确定。

附表 C-2 轴心抗拉强度平均值 $f_{t,m}$、弯曲抗拉强度平均值 $f_{tm,m}$ 和抗剪强度平均值 $f_{v,m}$

（单位：MPa）

砌体种类	$f_{t,m} = k_3 \sqrt{f_2}$	$f_{tm,m} = k_4 \sqrt{f_2}$		$f_{v,m} = k_5 \sqrt{f_2}$
	k_3	k_4		k_5
		沿齿缝	沿通缝	
烧结普通砖、烧结多孔砖、混凝土普通砖、混凝土多孔砖	0.141	0.250	0.125	0.125
蒸压灰砂普通砖、蒸压粉煤灰普通砖	0.09	0.18	0.09	0.09
混凝土砌块	0.069	0.081	0.056	0.069
毛料石	0.075	0.113	—	0.188

C.0.2 各类砌体的强度标准值按附表 C-3 ~ 附表 C-7 采用。

附表 C-3　烧结普通砖和烧结多孔砖砌体的抗压强度标准值 f_k　（单位：MPa）

砖强度等级	砂浆强度等级					砂浆强度
	M15	M10	M7.5	M5	M2.5	0
MU30	6.30	5.23	4.69	4.15	3.61	1.84
MU25	5.75	4.77	4.28	3.79	3.30	1.68
MU20	5.15	4.27	3.83	3.39	2.95	1.50
MU15	4.46	3.70	3.32	2.94	2.56	1.30
MU10	—	3.02	2.71	2.40	2.09	1.07

附表 C-4　混凝土砌块砌体的抗压强度标准值 f_k　（单位：MPa）

砌块强度等级	砂浆强度等级					砂浆强度
	Mb20	Mb15	Mb10	Mb7.5	Mb5	0
MU20	10.08	9.08	7.93	7.11	6.30	3.73
MU15	—	7.38	6.44	5.78	5.12	3.03
MU10	—	—	4.47	4.01	3.55	2.10
MU7.5	—	—	—	3.10	2.74	1.62
MU5	—	—	—	—	1.90	1.13

附表 C-5　毛料石砌体的抗压强度标准值 f_k　（单位：MPa）

料石强度等级	砂浆强度等级			砂浆强度
	M7.5	M5	M2.5	0
MU100	8.67	7.68	6.68	3.41
MU80	7.76	6.87	5.98	3.05
MU60	6.72	5.95	5.18	2.64
MU50	6.13	5.43	4.72	2.41
MU40	5.49	4.86	4.23	2.16
MU30	4.75	4.20	3.66	1.87
MU20	3.88	3.43	2.99	1.53

附表 C-6　毛石砌体的抗压强度标准值 f_k　（单位：MPa）

毛石强度等级	砂浆强度等级			砂浆强度
	M7.5	M5	M2.5	0
MU100	2.03	1.80	1.56	0.53
MU80	1.82	1.61	1.40	0.48
MU60	1.57	1.39	1.21	0.41
MU50	1.44	1.27	1.11	0.38
MU40	1.28	1.14	0.99	0.34
MU30	1.11	0.98	0.86	0.29
MU20	0.91	0.80	0.70	0.24

附表 C-7　沿砌体灰缝截面破坏时的轴心抗拉强度标准值 $f_{t,k}$、

弯曲抗拉强度标准值 $f_{tm,k}$ 和抗剪强度标准值 $f_{v,k}$　（单位：MPa）

强度类别	破坏特征	砌体种类	砂浆强度等级			
			≥M10	M7.5	M5	M2.5
轴心抗位	沿齿缝	烧结普通砖、烧结多孔砖、混凝土普通砖、混凝土多孔砖	0.30	0.26	0.21	0.15
		蒸压灰砂普通砖、蒸压粉煤灰普通砖	0.19	0.16	0.13	—
		混凝土砌块	0.15	0.13	0.10	—
		毛石	—	0.12	0.10	0.07
弯曲抗拉	沿齿缝	烧结普通砖、烧结多孔砖、混凝土普通砖、混凝土多孔砖	0.53	0.46	0.38	0.27
		蒸压灰砖普通砖、蒸压粉煤灰普通砖	0.38	0.32	0.26	—
		混凝土砌块	0.17	0.15	0.12	—
		毛石	—	0.18	0.14	0.10
	沿通缝	烧结普通砖、烧结多孔砖、混凝土普通砖、混凝土多孔砖	0.27	0.23	0.19	0.13
		蒸压灰砖普通砖、蒸压粉煤灰普通砖	0.19	0.16	0.13	—
		混凝土砌块	—	0.10	0.08	
抗剪		烧结普通砖、烧结多孔砖、混凝土普通砖、混凝土多孔砖	0.27	0.23	0.19	0.13
		蒸压灰砖普通砖、蒸压粉煤灰普通砖	0.19	0.16	0.13	—
		混凝土砌块	0.15	0.13	0.10	—
		毛石	—	0.29	0.24	0.17
		蒸压灰砂普通砖、蒸压粉煤灰普通砖	0.19	0.16	0.13	—
		混凝土砌块	0.15	0.13	0.10	—
		毛石	—	0.29	0.24	0.17

附录 D　粘结材料粘合加固材与基材的正拉粘结强度试验室测定方法及评定标准

D.1　适　用　范　围

D.1.1　本方法适用于试验室条件下以结构胶粘剂或聚合物改性水泥砂浆为粘结材料粘合下列加固材料与基材，在均匀拉应力作用下发生内聚、粘附破坏的正拉粘结强度测定：

（1）纤维复合材与基材烧结普通砖。

（2）钢板与基材烧结普通砖。

（3）结构用聚合物改性水泥砂浆层与基材烧结普通砖。

D.2　实　验　设　备

D.2.1　拉力试验机的力值量程选择，应使试样的破坏荷载发生在该机标定的满负荷的20%～80%之间；力值误差不得大于1%。

D.2.2　试验机夹持器的构造应能使试件垂直对中固定，不产生偏心和扭转的作用。

D.2.3　试件夹具应有带拉杆的钢夹套与带螺杆的钢标准块构成，且应使用45号碳钢制作；其形状及主要尺寸如附图 D-1 所示。

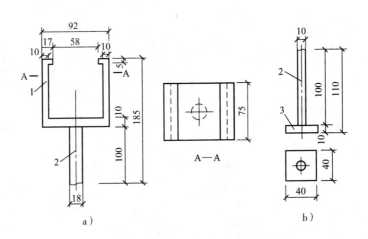

附图 D-1　试件夹具及钢标准块尺寸

a）带拉杆钢夹具　b）带螺杆钢标准块

1—钢夹具　2—螺杆　3—标准块

注：图中尺寸为 mm

D. 3　试　　件

D. 3. 1　试验室条件下测定正拉粘结强度应采用组合式试件，其构造应符合下列规定：

（1）以胶粘剂为粘结材料的试件应由砖试块（附图 D-2）、胶粘剂、加固材料（如纤维复合材或钢板等）及钢标准块相互粘合而成（图 D-3a）。

（2）以结构用聚合物改性水泥砂浆为粘结材料的试件应由砖试块（图 D-2）、结构界面胶（剂）涂布层、现浇的聚合物改性水泥砂浆层及钢标准块相互粘合而成（附图 D-3b）。

D. 3. 2　试样组成部分的制备应符合下列规定：

（1）受检粘接材料应按产品使用说明书规定的工艺要求进行配制和使用。

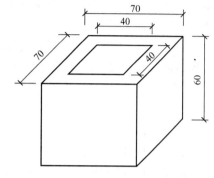

附图 D-2

（2）普通烧结砖试块的尺寸为 70mm × 70mm × 60mm，其块体强度等级应为 MU20；试块使用前，应以专用的机械切出深度为 4 ~ 5mm 的预切缝，缝宽约 2mm，如图 D-2 所示。预

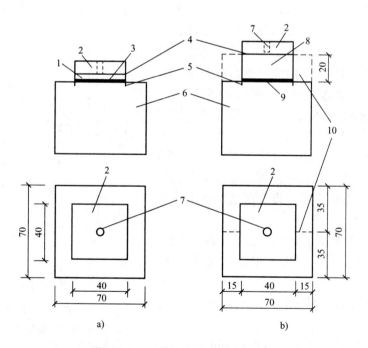

附图 D-3　正拉粘结强度试验的试件

a）胶粘剂粘贴的试件　b）聚合物砂浆浇注的试件

1—加固材料　2—钢标准块　3—受检胶的胶缝　4—粘贴标准块的快固胶
5—预切缝　6—混凝土试块　7—φ10 螺孔　8—现浇聚合物改性水泥砂浆层
9—结构界面胶（剂）　10—虚线部分表示浇筑砂浆用可拆卸模具的安装设置

注：图中尺寸为 mm

切缝围成的方形平面，其净尺寸应为 40mm × 40mm，并应位于试块的中心。混凝土试块的粘贴面（方形平面）应作打毛处理。打毛深度应达骨料断面，且手感粗糙，无尖锐突起。试块打毛后应清理洁净，不得有松动的骨料和粉尘。

（3）受检加固材料的取样应符合下列规定：

1）纤维复合材应按规定的抽样规则取样；从纤维复合材中间部位裁剪出尺寸为 40mm × 40mm 的试件；试件外观应无划痕和折痕；粘合面应洁净，无油脂、粉尘等影响胶粘的污染物。

2）钢板应从施工现场取样，并切割成 40mm × 40mm 的试件，其板面及周边应加工平整，且应经除氧化膜、锈皮、油污和糙化处理；粘合前，尚应用工业丙酮擦洗干净。

3）聚合物砂浆应从一次性进场的批量中随机抽取其各组分，然后在实验室进行配制和浇注。

4）钢标准块（图 D-3）宜用 45 号碳钢制作；其中心应车安装 φ10 螺杆用的螺孔。标准块与加固材料粘合的表面应经喷砂或其他机械方法的糙化处理；糙化程度应以喷砂效果为准。标准块可重复使用，但重复使用前应完全清除粘合面上的粘结材料层和污迹，并重新进行表面处理。

D. 3. 3　试件的粘合、浇筑与养护应符合下列规定：

（1）应先在砖试块的中心位置，按规定的粘合工艺粘贴加固材料（如纤维复合或薄钢板），若为多层粘贴，应在胶层指干时立即粘贴下一层。

（2）当检验聚合物改性水泥砂浆时，应在试块上先安装模具，再浇筑砂浆层；若产品使用说明书规定需要涂刷结构界面胶（剂）时，还应在砖试块上先刷上界面胶（剂），再浇筑砂浆层。

（3）试件粘贴或浇筑完毕后，应按产品使用说明书规定的工艺要求进行加压、养护；分别经 7d 固化（胶粘剂）或 28d 硬化（集合物砂浆）后，用快固化的高强胶粘剂将钢标准块粘贴在试件表面。每一道作业均应检查各层之间的对中情况。

注：对结构胶粘剂的加压、养护，若工期紧，且征得有关各方同意，允许采用以下快速固化、养护制度；

1）在 50℃ 条件下烘 24h，烘烤过程中仅允许有 2℃ 的正偏差。

2）自然冷却至 23℃ 后，再静置 16h，即可贴上标准块。

D. 3. 4　试件应安装在钢夹具（附图 D-4）内并拧上传力螺杆。安装完成后各组成部分的对中标志线应在同一轴线上。

D. 3. 5　常规试验的试样数量每组不应少于 5 个；仲裁试验的试样数量应加倍。

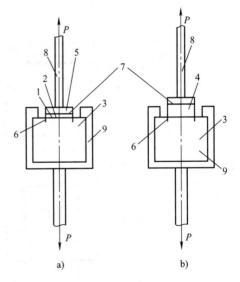

附图 D-4　试件组装

1—受检胶粘剂　2—被粘合的纤维复合材或钢板
3—混凝土试块　4—聚合物砂浆层
5—钢标准块　6—混凝土试块预切缝
7—快固化高强胶粘剂的胶缝
8—传力螺杆　9—钢夹具

D.4 试 验 环 境

D.4.1 试验环境应保持在温度 (23±2)℃、相对湿度 (50±5)% ~ (65±10)%。

注：仲裁性试验的实验室相对湿度应控制在 45% ~55%。

D.4.2 若试样系在异地制备后送检，应在试验标准环境条件下放置 24h 后才进行试验，且应作异地制备的记载于检验报告上。

D.5 试 验 步 骤

D.5.1 将安装在夹具内的试件（附图 D-4）置于试验机上下夹持器之间，并调整至对中状态后夹紧。

D.5.2 以 3mm/min 的均与速率加荷直至破坏。记录试样破坏时的荷载值，并观测其破坏形式。

D.6 试 验 结 果

D.6.1 正拉粘结强度应按下式进行计算：

$$f_{ti} = P_i/A_{ai}$$

式中 f_{ti}——试样 i 的正拉粘结强度（MPa）；

P_i——试样 i 破坏时的荷载值（N）；

A_{ai}——金属标准块 i 的粘合面面积（mm²）。

D.6.2 试样破坏形式及其正常性判别：

1. 试样破坏形式应按下列规定划分：

（1）内聚破坏：应分为基材普通烧结砖内聚破坏和受检粘结材料的内聚破坏；后者可见于使用低性能、低质量的胶粘剂（或聚合物砂浆）的场合。

（2）粘附破坏（层间破坏）：应分为胶层或砂浆层与基材之间的界面破坏及胶层与纤维复合材或钢板之间的界面破坏。

（3）混合破坏：粘合面出现两种或两种以上的破坏形式。

2. 破坏形式正常性判别，应符合下列规定：

（1）当破坏形式为基材普通烧结砖内聚破坏，或虽出现两种或两种以上的混合破坏形式，但基材内聚破坏形式的破坏面积占粘合面积 70% 以上，均可判为正常破坏。

（2）当破坏形式为粘附破坏、粘结材料内聚破坏或基材内聚破坏面积少于 70% 的混合破坏，均应判为不正常破坏。

注：钢标准块与检验用高强、快固化胶粘剂之间的界面破坏，属检验技术问题，应重新粘贴；不参与破坏形式正常性评定。

D.7　试验结果的合格评定

D.7.1　组试验结果的合格评定，应符合下列规定：

（1）当一组内每一试件的破坏形式均属正常时，应舍去组内最大值和最小值，而以中间三个值的平均值作为该组试验结果的正拉粘贴强度推定值；若该推定值不低于规定的相应指标，则可评该组试件正拉粘结强度检验结果合格。

（2）当一组内仅有一个试件的破坏形式不正常，允许以加倍试件重做一组试验。若试验结果全数达到上述要求，则仍可评该组为试验合格组。

D.7.2　检验批试验结果的合格评定应符合下列规定：

1）若一检验批的每一组均为试验合格组，则应评该粘结材料的正拉粘结性能符合安全使用的要求。

2）若一检验批中有一组或一组以上为不合格组，则应评该批粘结材料的正拉粘结性能不符合安全使用要求。

3）若检验批由不少于20组试件组成，且仅有一组被评为不合格组，则仍可评该批粘结材料的正拉粘结性能符合使用要求。

D.7.3　试验报告应包括下列内容：

① 受检胶粘剂或聚合物砂浆的品种、型号和批号。

② 抽样规则及抽样数量。

③ 试件制备方法及养护条件。

④ 试件的编号和尺寸。

⑤ 试验环境的温度和相对湿度。

⑥ 仪器设备的型号、量程和检定日期。

⑦ 加荷方式及加荷速度。

⑧ 试件的破坏荷载及破坏形式。

⑨ 试验结果整理和计算。

⑩ 取样、测试、校核人员及测试日期。

附录 E 砌体填充墙与框架柱连接详图

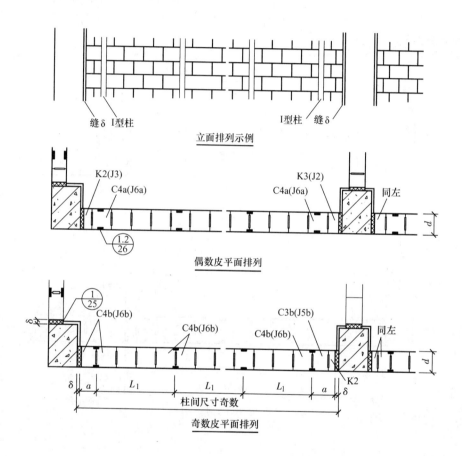

附图 E-1 A方案Ⅰ型柱外墙砌块排列

注：1. 本图以混凝土小砌块和加气砌块（括号内）为例，未标注代号的砌块为墙厚 *d* 对应的小砌块主规格块 K4 和加气块 J6，填充外墙厚不宜小于 190，内墙不宜小于 120。

2. 图中 K2、K3、K4 详见国标 05SG616 图集，C3、C4 块型 *a* 和 *b* 见表 3-17，J2～J6 块型见表 3-18。

3. 当窗体中有门窗洞口时，洞口宽度及两侧的墙体长度均宜符合 1M。墙段长度不应小于 600，且应有组合砌体柱。

4. 图中 *a*≤600，L_1 按小于或等于 2.5m 控制，且宜为块体主规格长度的倍数。

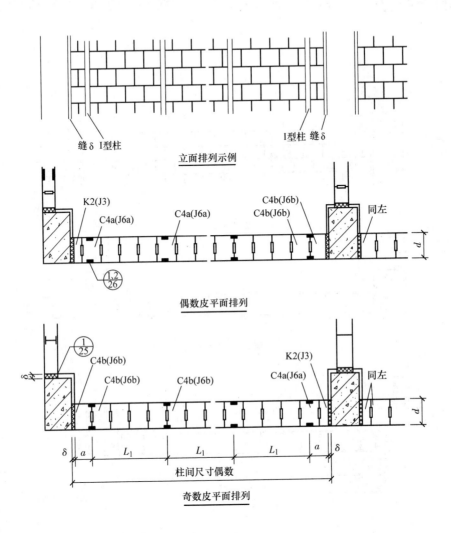

附图 E-1　A 方案 I 型柱外墙砌块排列（续）

注：1. 本图以混凝土小砌块和加气砌块（括号内）为例，未标注代号的砌块为墙厚 d 对应的小砌块主规格块 K4 和加气块 J6，填充外墙厚不宜小于 190，内墙不宜小于 120。

2. 图中 K2、K3、K4 详见国标 05SG616 图集，C3、C4 块型 a 和 b 见表 3-17，J2 ~ J6 块型见表 3-18。

3. 当窗体中有门窗洞口时，洞口宽度及两侧的墙体长度均宜符合 1M。墙段长度不应小于 600，且应有组合砌体柱。

4. 图中 $a \leqslant 600$，L_1 按 $\leqslant 2.5$m 控制，且宜为块体主规格长度的倍数。

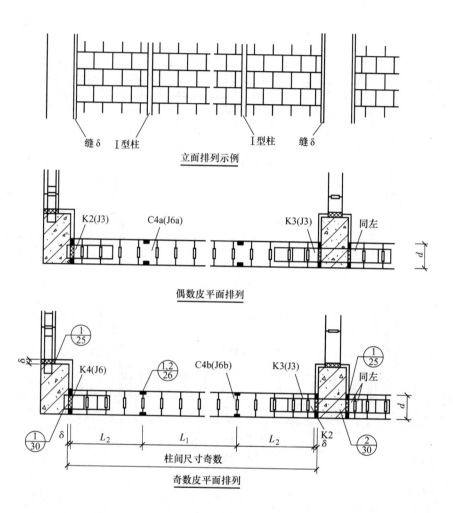

附图 E-2　B 方案 I 型柱外墙砌块排列

注：1. L_2 按小于或等于 1.5m 控制，L_1 按小于或等于 2.5m 控制，且均宜为块体主规格长度的倍数。

2. 本图以混凝土小砌块和加气砌块（括号内）为例，未标注代号的砌块为墙厚 d 对应的小砌块主规格块 K4 和加气块 J6，填充外墙厚不宜小于 190，内墙不宜小于 120。

3. 图中 K2、K3、K4 详见国标 05SG616 图集，C3、C4 块型 a 和 b 见表 3-17，J2～J6 块型见表 3-18。

4. 当窗体中有门窗洞口时，洞口宽度及两侧的墙体长度均宜符合 1M。墙段长度不应小于 600，且应有组合砌体柱。

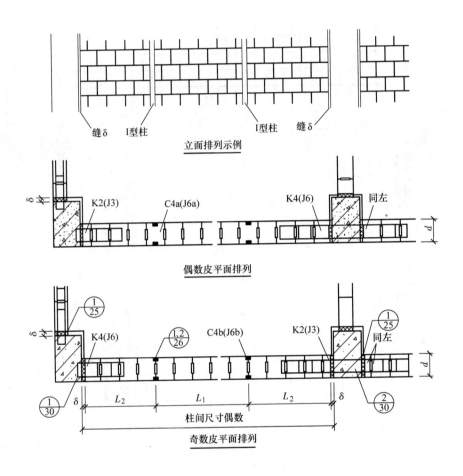

附图 E-2　B 方案 I 型柱外墙砌块排列（续）

注：1. L_2 按小于或等于 1.5m 控制，L_1 按小于或等于 2.5m 控制，且均宜为块体主规格长度的倍数。

2. 本图以混凝土小砌块和加气砌块（括号内）为例，未标注代号的砌块为墙厚 d 对应的小砌块主规格块 K4 和加气块 J6，填充外墙厚不宜小于 190，内墙不宜小于 120。

3. 图中 K2、K3、K4 详见国标 05SG616 图集，C3、C4 块型 a 和 b 见表 3-17，J2～J6 块型见表 3-18。

4. 当窗体中有门窗洞口时，洞口宽度及两侧的墙体长度均宜符合 1M。墙段长度不应小于 600，且应有组合砌体柱。

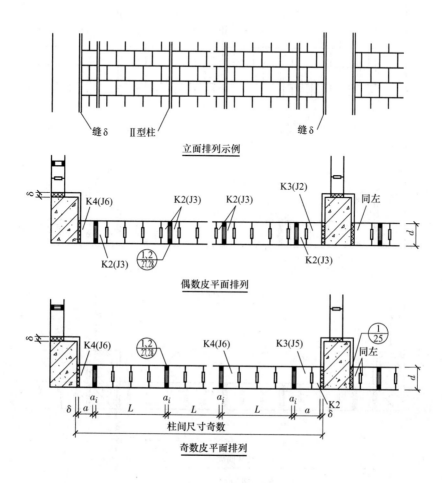

附图 E-3　A 方案 II 型柱外墙砌块排列

注：1. 本图采用填充墙 II 型组合柱构造，详见附图 E-10。

2. 图中 L 按小于或等于 2.5m 控制，且宜为主规格块长倍数。a_i 为 II 型柱宽见附图 E-10 和附图 E-11，$a \leqslant 600$。

3. 本图以混凝土小砌块和加气砌块（括号内）为例，未标注代号的砌块为墙厚 d 对应 的小砌块主规格块 K4 和加气块 J6，填充外墙厚不宜小于 190，内墙不宜小于 120。

4. 图中 K2、K3、K4 详见国标 05SG616 图集，J2～J6 块型见表 3-18。

5. 当窗体中有门窗洞口时，洞口宽度及两侧的墙体长度均宜符合 1M。墙段长度不应小 于 600，且应有组合砌体柱。

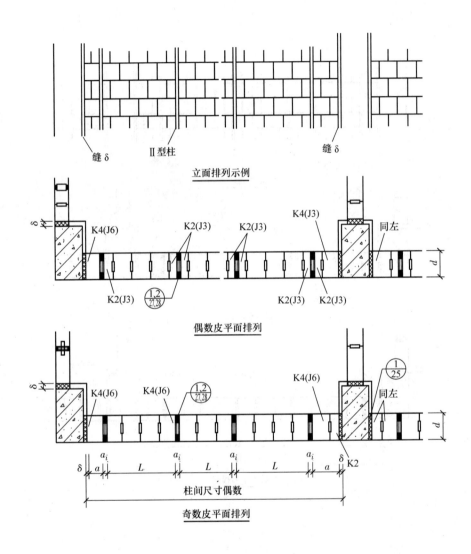

附图 E-3　A 方案 Ⅱ 型柱外墙砌块排列（续）

注：1. 本图采用填充墙 Ⅱ 型组合柱构造，详见附图 E-10。

2. 图中 L 按 ≤2.5m 控制，且宜为主规格块长倍数。a_i 为 Ⅱ 型柱宽，见附图 E-10 和附图 E-11，a ≤600。

3. 本图以混凝土小砌块和加气砌块（括号内）为例，未标注代号的砌块为墙厚 d 对应的小砌块主规格块 K4 和加气块 J6，填充外墙厚不宜小于 190，内墙不宜小于 120。

4. 图中 K2、K3、K4 详见国标 05SG616 图集，J2 ~ J6 块型见表 3-18。

5. 当窗体中有门窗洞口时，洞口宽度及两侧的墙体长度均宜符合 1M。墙段长度不应小于 600，且应有组合砌体柱。

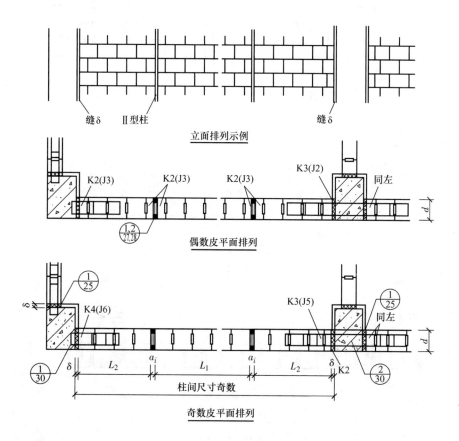

附图 E-4　B 方案 Ⅱ 型柱外墙砌块排列

注：1. 当墙体中有门窗洞口时，洞口宽度及两侧的墙体长度均宜符合 2M 或 1M。

　　2. 按 $L_2 \leqslant 1.5\text{m}$ 控制，按 $L_1 \leqslant 2.5\text{m}$ 控制，L_1、L_2 其间距宜为块型主规格长度倍数。a_i 为 Ⅱ 型柱宽，单筋为 50，双筋为 100，详见附图 E-10 和附图 E-11。

　　3. 本图采用填充墙 Ⅱ 型组合柱构造，详见附图 E-10。

　　4. 本图以混凝土小砌块和加气砌块（括号内）为例，未标注代号的砌块为墙厚 d 对应的小砌块主规格块 K4 和加气块 J6，填充外墙厚不宜小于 190，内墙不宜小于 120。

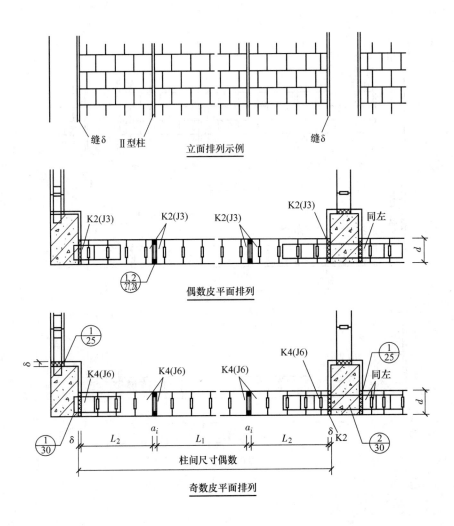

附图 E-4　B 方案 Ⅱ 型柱外墙砌块排列（续）

注：1. 当墙体中有门窗洞口时，洞口宽度及两侧的墙体长度均宜符合 2M 或 1M。

　　2. 按 $L_2 \leqslant 1.5 m$ 控制，按 $L_1 \leqslant 2.5 m$ 控制，L_1、L_2 其间距宜为块型主规格长度倍数。a_i 为 Ⅱ 型柱宽，单筋为 50，双筋为 100，详见附图 E-10 和附图 E-11。

　　3. 本图采用填充墙 Ⅱ 型组合柱构造，详见附图 E-10。

　　4. 本图以混凝土小砌块和加气砌块（括号内）为例，未标注代号的砌块为墙厚 d 对应的小砌块主规格块 K4 和加气块 J6，填充外墙厚不宜小于 190，内墙不宜小于 120。

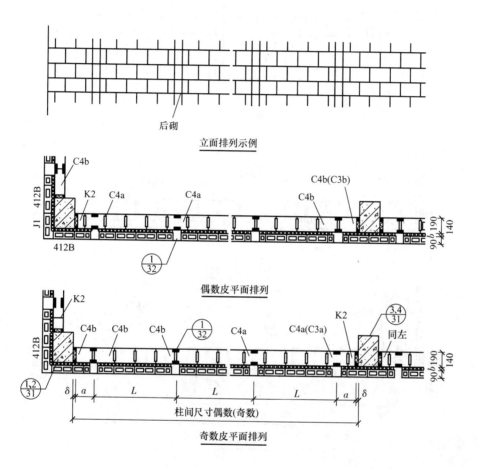

后砌

立面排列示例

偶数皮平面排列

柱间尺寸偶数(奇数)

奇数皮平面排列

附图 E-5　A 方案 I 型柱夹心保温外墙排列

注：1. 本图以混凝土小型空心砌块夹心保温墙为例，组合 I 型柱 C3、C4 块型 a 或 b 见表 3-17。内外叶墙其他砌块规格详见国标 05SG616 图集。

2. 保温层的材料与厚度 b 应按各地区建筑节能设计要求确定。

3. 外叶墙在 I 型柱节点处的外叶为后砌部分，其他部分的搭砌长度不小于 90。

4. 图中 $a \leqslant 400$，按 $L \leqslant 2.5m$ 控制。

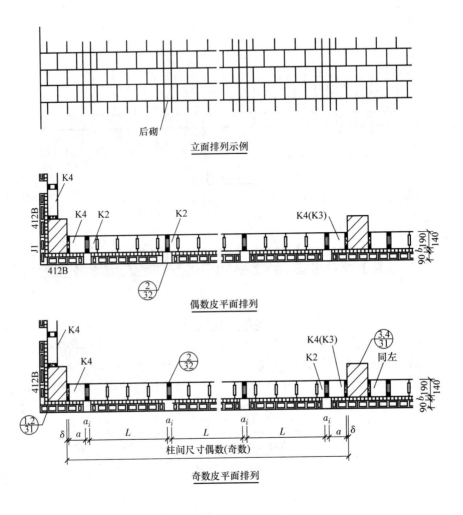

附图 E-6　A 方案 Ⅱ 型柱夹心保温外墙排列

注：1. 本图以混凝土小型空心砌块 Ⅱ 型柱夹心墙保温外墙为例，外叶墙 Ⅱ 型柱节点处为后砌，搭砌长度不小于 90。

　　2. 保温层的材料与厚度 b 应按各地区建筑节能设计要求确定。

　　3. 内外叶墙小砌块规格详见国标 05SG616 图集。

　　4. 图中 $a \leqslant 400$，L 按 $\leqslant 2.5$ m 控制。

　　5. 保温砌块墙体组合柱的设置可参照本图。当外包柱时可参照图 3-5 和图 3-6 设置组合柱。

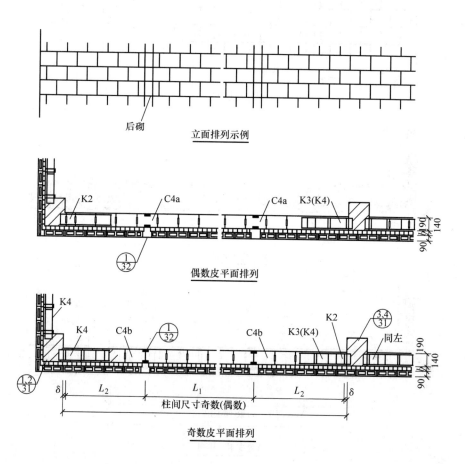

后砌

立面排列示例

K2   C4a   C4a   K3(K4)

$\frac{1}{32}$

偶数皮平面排列

K4

K4   C4b $\frac{1}{32}$ C4b   K3(K4)   K2 $\frac{3,4}{31}$ 同左

$\frac{1,2}{31}$ δ L_2 L_1 L_2 δ

柱间尺寸奇数(偶数)

奇数皮平面排列

附图 E-7 B 方案 I 型柱夹心保温外墙排列

注：1. L_2 按 ≤1.5m 控制，L_1 按 ≤2.5m 控制。

2. 本图以混凝土小型空心砌块夹心保温墙为例，组合 I 型柱 C3、C4 块型 a 或 b 见表 3-17。内叶墙其他砌块规格详见国标 05SG616 图集。

3. 保温层的材料与厚度 b 应按各地区建筑节能设计要求确定。

4. 外叶墙在 I 型柱节点处的外叶为后砌部分，其他搭砌长度不小于 90。

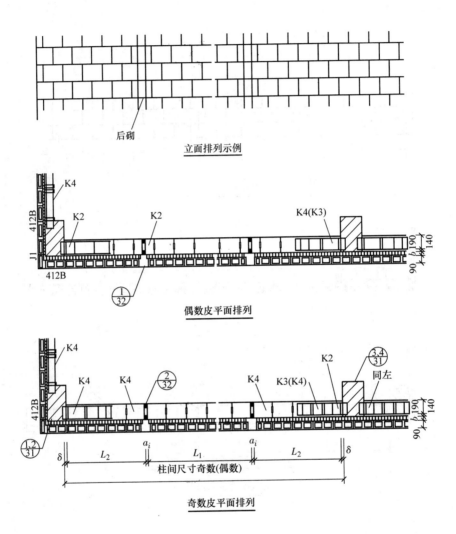

附图 E-8　B 方案 II 型柱夹心保温外墙排列

注：1. 按 $L_2 \leqslant 1.5$m 控制，按 $L_1 \leqslant 2.5$m 控制。

　　2. 本图以混凝土小型空心砌块 II 型柱夹心墙保温外墙为例，外叶墙 II 型柱节点处为后砌，其他搭砌长度不小于 90。

　　3. 保温层的材料与厚度 b 应按各地区建筑节能设计要求确定。

　　4. 内外叶墙其他小砌块规格详见国标 05SG616 图集。

　　5. 保温砌块墙体组合柱的设置可参照本图。当外包柱时可参照图 3-5 和图 3-6 设置组合柱。

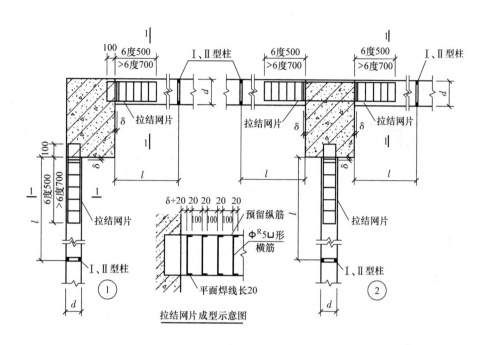

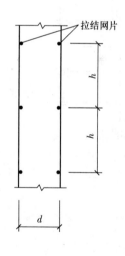

尺寸明细表(mm)

分类代号	砖类				砌块表
d	120	180	190	240	≥120
a	30	40	50	60	20
h	500				400
l	1500				

附图 E-9　B 方案填充墙外墙连接

注：1. 本图为填充墙与框架柱柔性连接的构造方案 B，根据工程情况在填充墙的其他部位设置 I 或 II 型柱。

　　2. 拉结网片成型顺序是在框架柱中按排块图位置这纵向拉结钢筋，墙砌前将横筋双侧点焊成网片，其焊接质量应符合有关标准的要求。也可采用锚筋后焊接成网片。

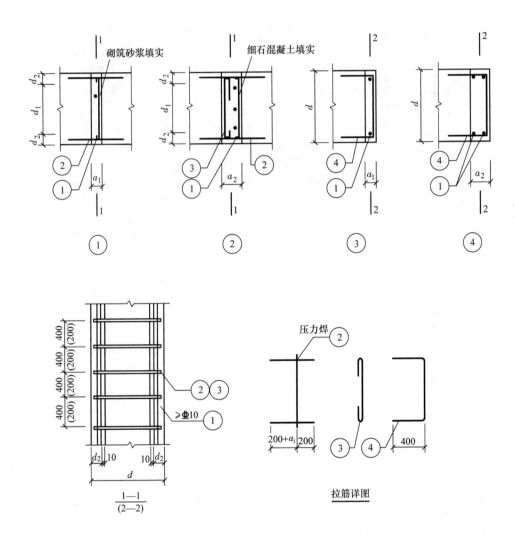

附图 E-10　Ⅱ型柱构造

注：1. Ⅱ型柱适用于本图集中所有材料的块体组砌墙。

　　2. 详图①、②应在砌筑时随砌随用同等级砌筑砂浆、细石混凝土填实。

　　3. 图中尺寸，d 为墙厚，不宜小于120；a_1 为50；a_2 为100；d_2 不小于30。

　　4. 节点③、④采用 C20 细石混凝土浇筑。

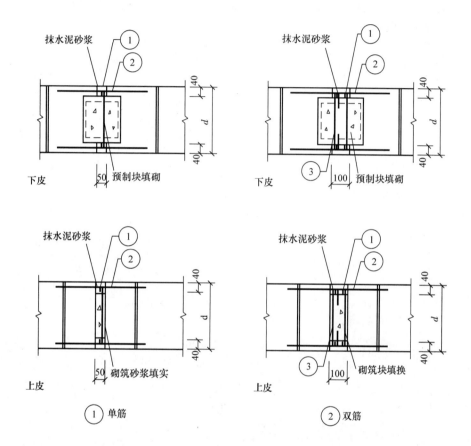

附图 E-11　Ⅱ型柱组砌式

注：1. ①～③号钢筋详图和设置要求详见附图 E-10。

　　2. Ⅱ型柱的组砌式应在砌筑时随砌随用预制块砌实，但均应在两侧留出钢筋砂浆保护层的空腔，并用 1:2 水泥砂浆或 M10 水泥砂浆粉两次成活。

　　3. 图中虚线表示为填砌配套预制块。

　　4. 根据墙体厚度 d 选用Ⅱ型组合柱小砌块配套规格，详见表 3-17。

参 考 文 献

［1］胡俊．砌体结构常用数据速查［M］．北京：机械工业出版社，2007.

［2］中国建筑标准设计研究院．10SG614—2 砌体填充墙构造详图（二）（与主体结构柔性连接）［S］．北京：中国计划出版社，2011.

［3］姚谨英．砌体结构工程施工［M］．北京：中国建筑工业出版社，2005.

检
2